密斯·凡·德·罗
建成作品全集

[德]卡斯滕·克罗恩 著

梁 蕾 译

中国建筑工业出版社

著作权合同登记：图字01-2017-4937

图书在版编目（CIP）数据

密斯·凡·德·罗建成作品全集 /（德）卡斯滕·克罗恩
著；梁蕾译. — 北京：中国建筑工业出版社，2017.11（2022.8 重印）
ISBN 978-7-112-21070-1

Ⅰ.①密… Ⅱ.①卡… ②梁… Ⅲ.①密斯·凡·德·罗
（Mies van der Rohe，Ludwig 1886-1969）— 建筑艺术 —
研究 Ⅳ.① TU-095.16

中国版本图书馆CIP数据核字（2017）第191219号

MIES VAN DER ROHE
THE BUILT WORK
Carsten Krohn
ISBN 978-3-0346-0740-7
© 2014 Birkhäuser Verlag GmbH, P.O. Box 44, 4009 Basel, Switzerland
Part of De Gruyter

责任编辑：孙书妍　李　婧
责任校对：王宇枢　王　烨

密斯·凡·德·罗建成作品全集

[德]卡斯滕·克罗恩　著
梁　蕾　译
　　＊
中国建筑工业出版社出版、发行（北京海淀三里河路9号）
各地新华书店、建筑书店经销
北京京点图文设计有限公司制版
临西县阅读时光印刷有限公司印刷
　　＊
开本：880×1230毫米　1/16　印张：15　字数：316千字
2018年1月第一版　　2022年8月第三次印刷
定价：148.00元
ISBN 978-7-112-21070-1
　　　　（30721）
版权所有　翻印必究
如有印装质量问题，可寄本社退换
（邮政编码 100037）

目 录

前　言

过去几年里，经常有人问我："一本关于密斯的书——还有什么好写的？"这个课题的想法产生于一次对新泽西州纽瓦克市的柱廊公寓的参观，那是 2009 年的 10 月。比那更早几年时，一位纽约的艺术家向我展示了这组公寓的一张超 8 毫米胶片，当时我从未听说过这组建筑，尽管我已经读过好几本关于建筑大师路德维希·密斯·凡·德·罗（Ludwig Mies van der Rohe，1886 ~ 1969）的著作，而且已经在纽约学习了一段时间。我满腹狐疑——也许密斯只是担任了这组建筑的顾问。几年后，借由一次在哥伦比亚大学发表关于柏林城市乌托邦的演讲的机会，我决定参观一下柱廊公寓。然后惊奇地发现，从纽约宾夕法尼亚车站只需乘 20 分钟的火车就能到达这组公寓。两座纪念碑式的板楼高耸入云，就紧挨在纽瓦克百老汇街火车站后面，它们所在的这个区被公认为治安不好。站在车站的月台上，我便立刻被这景象惊呆了（见 180 页上图）：这就是路德维希·赫伯赛摩（Ludwig Hilberseimer）曾经在文本和图像中精心描绘过的柏林意象建成后的样子啊！路德维希·赫伯赛摩是一位城市规划师，也是密斯亲密的合作伙伴。当我开始探索这个建筑综合体的时候，我才真正理解了它城市般的尺度，这种尺度是由 600 米开外的第三座高层板楼界定的。那一天正值暴风雨，建筑的铝幕墙还是密斯工作室设计的原物，上面嵌着细细的玻璃格子板，玻璃板在风雨中震颤着，它们反射出的云仿佛也在颤抖。

在这组公寓建成后的 50 年里，居住者的情况已经发生了彻底改变：公寓最初是作为白人中产阶级工人住宅而建造的，但现在租住在这里的几乎全部是非洲裔美国人。我向物业经理打听是否接待过许多对这座建筑感兴趣的来访者，他告诉我在去年只有一个。与密斯许多其他的建筑相比，这座综合楼显然不是建筑观光客们钟爱的目的地——我后来也发现——比起著名作品来说，柱廊公寓相当地默默无闻，比如巴塞罗那德国馆、西格拉姆大厦，甚至是没建成的项目，比如柏林的弗莱德里希火车站摩天楼，知名度都比柱廊公寓高。

我在研究"未建成之柏林"[1]（Das ungebaute Berlin）期间，曾与建筑师、评论家和历史学家进行过无数次交谈。在我们的对话中，密斯是近代最重要的人物，他的作品对当代建筑实践有着巨大的影响。密斯本人希望对他作品的评价建立在人们能够在何种程度上采用他研究出的原则。他致力于找到普遍的适用原则，而不是寻找一种独特的个人表现形式："我认为我的作品对别人的影响是基于它的合理性。每个人都可以使用它而不必成为一个抄袭者，因为它是非常客观的。而且我认为，如果我找到了客观的东西就会使用它，而它是谁发明的无关紧要。"[2] 举个例子，这种理性的方法与弗兰克·劳埃德·赖特（Frank Lloyd Wright）就有着显著的不同。赖特的创作随着其职业生涯越发古怪离奇，而在同一时期，密斯的摩天楼模型几乎成为了美国许多城市无所不在的元素。它们看起来永不过时。而在今天，在过去 15 年里形式上的过度表达以及争相创造更壮观、更奇异的建筑姿态的背景下，密斯对于建筑基本方面的重视又一次具有了现实意义。

我看得越多，读得越多，便越感到现有的资料中所描述的形象都被曲解了。对密斯的研究集中于他的经典作品，长时间以来，人们没有将他的所有建筑当作具有同等意义的作品来看待。在

1947 年出版的第一本关于密斯的专著中，菲利浦·约翰逊（Philip Johnson）写道："这本书里说明了所有密斯认为在各个方面都非常重要的建筑和项目，除了一些根据他的标准没有完成的建筑……"[3] 实际上，那本书里只展示了大约一半的密斯在欧洲所做的建筑，甚至后来在 2001 年举办的两场展览"密斯在柏林"（*Mies in Berlin*）和"密斯在美国"（*Mies in America*），也只以图片形式展示了密斯一半的建筑。

当被问及自己的哪一座建筑最为重要时，密斯只是回答道："没有哪一座建筑是与众不同的。"[4] 用密斯自己的话来理解，本书第一次完整地着手记录他的全部建成作品。[5] 每一座建筑都按时间顺序以同样的方式记录，这样便能够以整个建筑谱系的形式呈现。如果不领会这个发展的过程，就不可能绝对地总结出密斯的作品是以突然的变化还是连续性为特征的。在过去的几年里，我参观并记录了密斯所有的现存作品，在这个过程中，简直练成了一个摄影师。

本书按照年代顺序记录了密斯全部 80 个建成的建筑单体和建筑综合体。唯有伊利诺伊理工学院是作为一个规划项目综合介绍的，因为其中的建筑被看作一个连续的整体。书中对 30 座建筑——目录中用黑体字标出——进行了更详细的分析和描述。每一座建筑的分析都采用相同的三段式结构。

第一部分描述建筑实际建造过程及建成时的状态。第二部分记录所有对建筑所做的"后续改造"，而第三部分考察在我们分析了当下对密斯的作品与贡献的观点后，其结果有何现实意义。这第三步——"从当今视角看建筑"——不仅从历史背景考察该作品与其起源的关系，而且从建筑学立场思量它的设计。

现有的关于密斯的著作通常把他建成和未建成的建筑一起介绍，把"重要的"作品从"不重要的"作品中区分出来。本书意图从一个使用者或参观者的角度，传达出对建筑空间尺度的体验，从建筑与地点的关系去分析一个人如何在其中活动，并分析光线的协调和视觉轴线以及建筑的材料和构造。密斯说"建筑给予现实形式，亦被现实赋予形式"[6]，从一种现象学的观点，今天我们不仅将这些建筑视作居住的环境，而且视作被曾经为人所用这一现实所造就的建筑。几乎所有密斯的建筑都在一定程度上被改造过，这种改变并非总是立即被觉察到。通过从一种当代视角去回顾他的建筑，我们也从变化的角度以及它们不同的用途去考量它们，在一些例子里，还记录了建筑的破坏情况。

对建成作品的记录也使我们能够仔细观察展示出密斯建筑特性的中心主题。室内与室外的联系，建筑如何与地面交接，或者柱与墙的分离，只是他的作品中一些反复的主题。将密斯早期和晚期作品联系起来的是他所坚持的原则连续性，尽管这些作品从外观看起来非常不同。密斯一直在孜孜不倦地为基本的转换与连接寻求简单但可仿效的解决方案。对于当代建筑师来说，去研究密斯如何解决不同材料之间的连接以及巨大的墙与玻璃表面的转换，在不同的建筑群中采用不同形式的建筑转角，或者如何在开放平面式布局中布置功能集中的核心空间，是很有意思的。密斯创造出封闭和开放的"流动"空间，并且不怕把不同空间概念结合起来。

本书中建筑的空间布局用平面图和总平面图展示，它们更像是施工示意图而不是设计阶段理想的平面图。所有的平面图都由笔

路德维希·密斯·凡·德·罗，里尔住宅，新巴伯斯贝格，1908年

花园立面改造，照片拼贴

大厅，给黑白照片着色重现原来的色彩方案

9

者根据施工图重新绘制。因为密斯在美国所做的许多建筑都是与其他建筑事务所合作的，许多相关作品的图纸既没保存在纽约当代艺术博物馆的密斯档案室里，也没出现在各种出版的关于密斯的著作里。对我帮助最大的是负责密斯建筑修复的建筑事务所，还有公共档案、建筑测绘和业主的档案。现有的关于密斯的专著几乎无一例外地展示干净的表现图，没有说明，也没有尺度，其部分原因是施工图中所包含的信息在缩印后已变得字迹模糊，连平面图本身都变得难以辨认。为了重新绘制图纸，历史照片和建筑本身都是有价值的资源。

新画的平面图的表达形式呼应了密斯发表过的平面图的简化特征。尽管他强调原则的客观特征，建成的作品与它们的图纸经常带有鲜明的个人特征。本书新绘制的平面图只包含绝对必要的线条，尽量保持一致性，给予它们一种客观的特征。家具、铺地图案、植被、开门弧线、楼梯和坡道方向以及单个房间的标注都被省略了，以尽可能地展示建筑的结构。外部景观中由密斯设计的建筑元素和花园有一些从航拍图中重新绘制，在这里也有所展示。

平面图都以统一的 1∶400 比例绘制，朝向北方。建筑的总平面图以 1∶4000 的比例展示，细部图比例为 1∶10。每座建筑至少配有一个平面图或总平面图。由于未找到全部的相关平面图，所以并不是所有的建筑都配有平面图。所有图纸的线和面都是由相同粗度线条绘制而成。

照片的采用也本着对相应建筑进行解析的角度，主要集中于建筑的结构，不考虑后来的变化、当前的使用或所有可能变化的城市环境。关注点集中于建筑的实质和细节，以及建筑在景观中的位置。早期的私人住宅和后来的摩天楼都布置在显著的位置，通常邻近一个湖或公园。例如在拉菲亚特公园住宅区，里面的树苗已成长了几十年，成为参天大树。

照片也可以反映出建筑在时间长河中的变化。在有些例子中，建筑已经被改造得看不出最初的概念——例如密斯第一个作品里尔住宅的花园立面——最初的状况可以通过摄影蒙太奇（拼贴）的手法表现出来。另一个方法是给黑白照片上色，来展示原来的色彩方案。例如，托马斯·鲁夫（Thomas Ruff）创作了一系列关于密斯作品的照片，有意识地巧妙处理了新的和历史的照片。数字技术极大地简化了照片修复，这些技术如今在建筑照片中已是寻常手段。但是本书的照片没有经过处理，严格保持着记录特征。

尽管大多数密斯的建筑现在都登录在册，但在改造工作中仍然面临丧失建筑特征的危险。许多典型的密斯元素，例如极简栏杆，不符合当今建筑规范，因此经常是现代化改造的目标。其他建筑，例如伊利诺伊理工学院 1950 至 1952 年间的建筑，只因阻碍了新的建筑项目而被拆除。建成状况不是随着时间变化的唯一方面；对建筑的欣赏也是一样，反过来又被各自的意识形态思潮影响。例如，自从 1960 年代以来，对于大型公寓区的态度发生了根本的变化，柱廊公寓即是在这一时期建成。过去的研究也把一些项目打入冷宫。例如，密斯成为激进的现代主义者的个人道路，并不像经常被描绘的那样是一往无前的。密斯在 1920 年代建造的传统住宅——其中一部分是在他发表了一系列先锋的项目之后做的——相信只是为了生计而做。[7] 在《密斯在美国》（Mies in America）一书中，

菲利斯·兰伯特（Phyllis Lambert）试图着重于密斯本人更自愿地设计而建成的作品。然而，密斯本人声明：“我对所有建筑一视同仁。”[8]

密斯自己的观点受他职业特殊过程的影响。路德维希·密斯——他自己后来加了凡·德·罗——没有学过建筑学[9]，而是在实践中白手起家学习了这一行：“我跟我父亲学的。他是一个石匠。……我父亲说，‘不要傻读书。要工作。’”[10] 尽管密斯在哲学写作方面显露出强烈的兴趣并发表了自己的论文，但他一直强调在亚琛（Aachen）作为一个手工艺人的背景对他的个人发展所产生的巨大影响。从他对细节的极度关注中，可以看出他运用于建筑构造开发中的原则。这种精度与勒·柯布西耶（Le Corbusier）和沃尔特·格罗皮乌斯（Walter Gropius）晚期的作品形成显著对比，也是密斯对当代仍具有持续影响的原因之一。即使在半个多世纪以后，全世界鲜有建筑可以宣称与西格拉姆大厦有完全同样质量水平的细节。它所表达出的清晰度设置了一个基准点，许多当代建筑仍旧无法企及。

回顾以往，密斯将他的作品发展描述为追求结构清晰度的坚持之路。他对秩序的偏执追求意味着他的作品可以被视为一个不间断的最优化的过程。他设计的摩天楼在原则上是本质相同的框架结构，都有着开放式平面，但是在每一座新建筑中，他都将细节做得更加精致。早期的芝加哥湖滨大道公寓在建筑物理方面暴露出许多缺陷，后来设计的塔楼便解决了许多这类问题。讽刺的是，尽管后期的建筑结构质量要好得多，但在历史书所定义的建筑意义上，它们的地位远不如早期的原型。

当密斯说道，“我总是运用同样的原则，”[11] 他指的是可以被传授和分析的理性的方面。本书中的建筑分析详细阐述了密斯作为一个老师力求交流的原则：“你可以教学生如何工作；你可以教他们技术——如何运用理性；你甚至可以教给他们关于秩序的比例感。基本原则是可以传授的。”[12]

在 1920 年代，密斯贡献了五个投石问路的项目——两座玻璃摩天楼、一座办公建筑以及两座乡村住宅。其中一座是钢筋混凝土结构，另一座是砖结构——这五座建筑探索了特定建筑材料在结构方面的可能性。除了弗雷德里希大街上的摩天楼，这些项目中没有一个是为特定的位置而设计的。相反，它们是程式化的、理想的概念，探索一种切中主题的“原则”，从而使得建筑形象形成一种标志性的特征。在一个力图达到“丰富光反射”[13]的折线形摩天楼平面图中，它根本没有表示出支撑结构。类似地，它的砖结构乡村住宅平面在特征上更为抽象，像一个图解，而不像一个真正建筑的平面图。这些设计图解的特征是有意义的，因为后来这会影响他的建成作品。

尽管密斯激烈地反对个人主义的方案，其创作的建筑却经常是独特的，而且他通常被视为一个艺术家。密斯提倡的理性原则更像是一个达到目的的手段，如同他对建筑精神层面的强烈信仰。“建筑的问题自始至终总是相同的。建筑的美学品质是通过它的比例实现的，而比例无须费用。实际上，大多是事物之间的比例，而不是事物本身的比例，”密斯说，又补充道，“艺术几乎总是比例的问题。”[14]

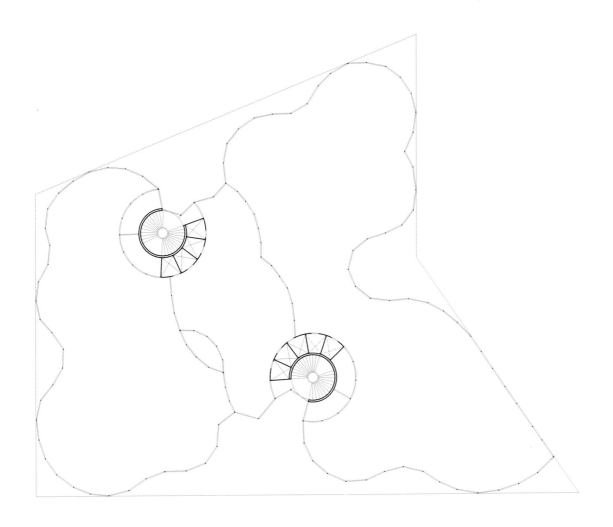

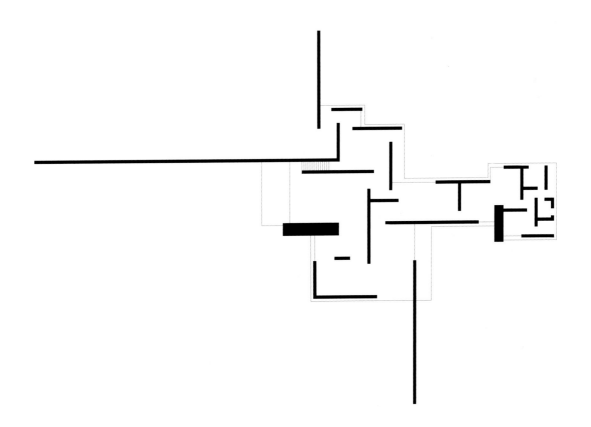

路德维希·密斯·凡·德·罗，
玻璃摩天楼，1922年，平面图（上）

路德维希·密斯·凡·德·罗，
砖结构庭院住宅项目，1924年，平面图（下）

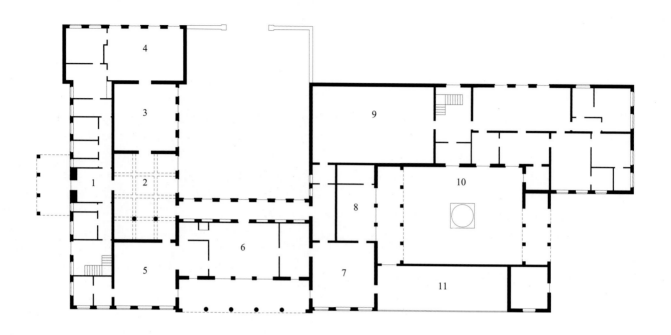

1 门厅
2 大厅
3 会客厅
4 餐厅
5 男主人书房
6 起居室
7 接待室
8 女主人房
9 画廊展厅
10 带有喷泉的花园
11 温室
12 水池

彼得·贝伦斯，科勒尔-穆勒住宅，
方案始于1911年，平面图

比例还可以在更广泛的形式上理解为关系，例如人们与他们的建成环境或自然环境之间的关系。伍尔夫·泰格索夫（Wolf Tegethoff）描写过密斯建筑中的比例："平面图的基础是一种可论证的、可计算的比例系统——无论是理性的还是几何的自然——没有显而易见的单一案例。……宁可怀疑在首层平面图上刻意避免了数学或几何的一致性，甚至从结构的观点看起来，这些比例显得完全合理。"[15] 然而，泰格索夫的分析并没有考虑密斯的早期作品。最近发现的沃恩霍兹住宅的建筑档案包括首层平面图，展示出一个恰好 5 米 ×7.5 米的会客室、一个 3 米 ×4 米的前厅、一个 4 米 ×5 米的阳台以及一个恰好 4 米 ×3 米的藏书室。

所有这些数字比例，在密斯的其他一些建筑中也出现过，同时也是建筑师兼设计师彼得·贝伦斯（Peter Behrens）的首层平面的特征，密斯于 1908 年到 1912 年曾在贝伦斯的工作室中工作，中间短暂停顿过一阵。尽管密斯先前在为布鲁诺·保罗（Bruno Paul）工作时学习了建筑行业，但对他的发展来说，贝伦斯才是一个关键人物："我们比贝伦斯本人还贝伦斯，"[16] 密斯回忆道。我们可以看到贝伦斯设计的空间中清晰的比例关系，例如，在他的科勒尔 – 穆勒住宅设计中，密斯也参与了工作；后来密斯被委托以同样的要求设计同一个项目。在线性序列的典型空间中，从起居室到会客室，从大厅到男主人的书房，贝伦斯设计的空间中，比例在 3：4 与正方形之间交替。例如，查一查顶棚上梁的位置就可以看出大厅的比例。但是，密斯反对设计成完全方形的空间，他认为只有一种情况下这么做是合理的，那就是一个独立的亭子，有四个同样的立面，面向着罗盘的四个方向。

密斯宣称他不喜欢口头设计："它什么都是，又什么都不是。很多人认为他们什么都能做，从设计一个梳子到规划一个火车站——结果是什么都做不好。"换句话说，他"只对建造感兴趣"。[17] 这个观点将密斯与导师布鲁诺·保罗和彼得·贝伦斯区别开，两人都是训练有素的艺术家，只是无意中从事了建筑。他们对建筑的处理不是从结构出发，而是从形式以及整体艺术作品的理念出发。密斯回忆道："贝伦斯对于伟大的形式有伟大的感觉。那是他的主要兴趣；我当然理解并从他那里学习。"但是，他也批评道："然后，我清楚地认识到，建筑的任务并不是创造形式。我努力去理解任务是什么。我曾经向彼得·贝伦斯请教，但他无法给我答案。他从未问过这个问题。"[18] 这种矛盾也是密斯在布鲁诺·保罗工作室与同事争执的根源。"后来，我们闹翻了，因为我说布鲁诺·保罗更像是一个室内设计师而不是一个建筑师。我们争吵的声音越来越大。他完全为布鲁诺·保罗辩护，而我针锋相对。我告诉他，布鲁诺所做的与建筑毫不相干。"[19] 当问及启发过他的建筑师名字时，密斯列举了卡尔·弗雷德里希·申克尔（Karl Friedrich Schinkel）和亨德里克·彼得鲁斯·贝尔拉格（Hendrik Petrus Berlage），他极为欣赏他们"诚实的"结构。

不过，密斯也设计家具，其中的一些成为了相应建筑的永久配件。他还设计了一些椅子和扶手椅，并申请了专利。他设计过公寓样板间和展厅，也改造过现有建筑，包括波茨坦的一座附属建筑[20]以及包豪斯学校在柏林斯特格立茨区的一座工厂，当时他正担任包豪斯的校长。尽管本书没有记录密斯的全部创造性活动，但确实将他一大部分建成作品从阴影中放到了聚光灯下。

密斯和他的传记作者都将他的职业描述为一条线性发展的道路，但实际上这个过程是非常复杂的。尽管他从来没有将自己视为城市设计师，但他经常设计建筑群之间的空间。当他致力于追求建筑最大的简洁化，却通常需要格外复杂的结构。与此类似的矛盾是，他对于新的工业化生产方法提供的可能性有一种非常实用主义的态度，但同时又坚定地根植于经典建筑的传统。他制定了工作的规则并高度遵守和坚持，同时又创造出显著不同的各种方式的解决方案。他的作品或许可以清晰地分为欧洲的和美国的两个阶段，但他早期作品的许多方面通常为后来的作品奠定了基础。在本书中，我试图明确地区分这些关系来强调他作品的连贯性：他的单个建筑可能在风格上各不相同，但它们显示出了结构的相似性。但是今天看起来最矛盾的是密斯的成果多年来对建筑作品的影响，同时也导致了大量缺乏灵魂的建筑。密斯阐明了许多原则，这些原则对他来说永远只是一种追求更高精神秩序的方法。

1　Carsten Krohn（ed.）*Das ungebaute Berlin*（*Unbuilt Berlin*），Berlin 2010.

2　路德维希·密斯·凡·德·罗与格雷姆·沙克兰（Graeme Shankland）的对话，出自：*The Listener*，15 Oct.1959，P.620.

3　Philip Johnson，*Mies van der Rohe*，New York 1947，p.7. 这句话的后半句是："以及 1910~1914 年期间在轰炸柏林中被毁掉的一些项目。"然而，对于这一时期毁掉的项目，我们一无所知。建于 1914~1915 年的沃恩霍茨住宅在 1960 年才被毁掉。

4　路德维希·密斯·凡·德·罗与凯瑟琳·库（Katharine Kuh）的对话，出自：*Saturday Review*，23 Jan.1965，P.22.

5　几乎所有密斯的作品都展示于：Yehuda E. Safran，*Mies van der Rohe*，Lisbon 2000，但没有平面图。

6　路德维希·密斯·凡·德·罗，"演讲的注释"，1950 年，出自：Fritz Neumeyer，*The Artless Word - Mies van der Rohe on the Building Art*，Cambridge, Mass.，1991，P.328.

7　关于建于 1921~1926 年的住宅的更多信息，参考：Andreas Marx and Paul Weber，"Konventionelle Kontinuität - Mies van der Rohes Baumaßnahmen an Haus Urban 1924 - 26. Anlass zu einer Neuinterpretation seines konventionellen Werkes der 1920er Jahre"，出自：Johannes Cramer and Dorothée Sack（eds.），*Mies van der Rohe - Early Built Works：Problems in their conservation and assessment*，Petersberg 2004，pp.163—178.

8　路德维希·密斯·凡·德·罗于 1964 年与乌尔里希·康拉德（Ulrich Conrads）的对话，录制于一张胶片："Mies in Berlin"，*Bauwelt*.

9　他曾经于 1907 年 6 月到 1908 年 5 月在柏林应用艺术博物馆学习，师从布鲁诺·保罗。另见 Thomas Steigenberger，"Mies van der Rohe - ein Schüler Bruno Pauls?" 出自：Johannes Cramer and Dorothée Sack（eds.），*Mies van der Rohe - Early Built Works：Problems in their conservation and assessment*，Petersberg 2004，pp.151—162.

10　Ludwig Mies van der Rohe in：John Peter，*The Oral History of Modern Architecture. Interviews with the Greatest Architects of the Twentieth Century*，New York 1994，p.156，158.

11　路德维希·密斯·凡·德·罗与凯瑟琳·库的对话，出自：*Saturday Review*，23 Jan.1965，P61.

12　同上，p.23。

13　Ludwig Mies van der Rohe，in：*Frühlicht*，vol.4，1922，p.124.

14　路德维希·密斯·凡·德·罗与巴伐利亚广播（Bavarian Broadcasting）的对话，出自：*Der Architekt*，1966，P.324.

15 Wolf Tegethoff，*Mies van der Rohe - The Villas and Country Houses*，New York 1985, pp. 77 - 78.

16 Stanford Anderson，"Considering Peter Behrens: Interviews with Ludwig Mies van der Rohe (Chicago，1961) and Walter Gropius (Cambridge，Mass.，1964)"，in: *Engramma*，no. 100, Sep./Oct. 2012. www.engramma.it.

17 路德维希·密斯·凡·德·罗与克里斯滕·诺伯舒茨（Christian Norberg-Schulz）的对话，出自 *Éditions de l' Architecture d'Aujourd'hui*，*L'œuvre de Mies van der Rohe*，Paris 1958, P.100.

18 Ludwig Mies van der Rohe in: Moisés Puentes (ed.)，*Conversations with Mies van der Rohe*，New York 2008, p. 54.

19 路德维希·密斯·凡·德·罗与德克·罗韩（Dirk Lohan）的对话，密斯·凡·德·罗档案手稿转录，纽约现代艺术博物馆（由朱利安·罗桑伯格译为英语）。

20 参见 Andreas Marx and Paul Weber，"Zur Neudatierung von Mies van der Rohes Landhaus in Eisenbeton"，in: *Architectura*，vol. 2, 2008, p. 160.

1 里尔住宅

新巴伯斯贝格（Neuba belsberg），德国
1908年

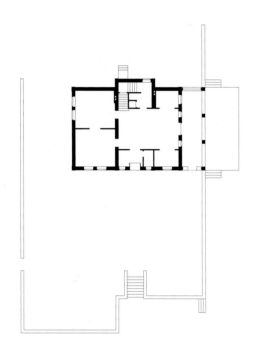

里尔住宅（Riehl House）是为一位哲学教授设计的，尽管这座住宅位于现今波茨坦的一个别墅群里，但密斯注意到"这座住宅并不是一座别墅。它的特征类似于马克思赫地区的住宅，与韦尔德尔的那些住宅一样，有一个简单的坡屋顶、一个三角形山墙和一对老虎窗，一般是波形老虎窗。"[1]建筑的外形显得低调谦逊，除此之外，更值得注意的是密斯对建筑的基本类型所做的变化与重新诠释。他没有像这类住宅典型的做法那样将长边平行于街道，而是让建筑平面旋转90度，不再面对街道，建筑前面的围墙更强化了这个姿态。

密斯在陡峭倾斜的基地地形上设计了一个大台阶，形成一个基座，建筑坐落其上，这样便可以从建筑中欣赏到格里兹希湖的景观。住宅与基座这两个部分融合起来形成一个整体的结构。一进入花园，人们会立刻被建筑组合吸引，上部的平台已经与建筑融为一体。花园外环绕着一圈围墙，形成一种回廊般的私密性，这种私密性一直延伸到建筑内部。

密斯在他职业生涯早期这一关键时刻迈出了大胆的一步，他在住宅中央位置设计了一个"综合空间"（general space），当时一本著名的书中运用了这个术语，表示一种没有特别功能的空间。[2]在这本书中，将这类大厅简单地描述为"住宅的中央空间"，随后是关于其构成的详细阐述：

"即使在小型住宅中，大厅里也总是有一只壁炉。厅里布置着家具，地上铺着地毯。最流行的墙面处理方式是木板贴面，这简直被认为是一种理想装饰。……在任何情况下，大厅都不能通高到两层。地板的组成可能是……一种硬木板。要避免全铺地毯……但是大厅的中央总要有一片长毛绒的、温暖的小地毯，而壁炉前要有一张厚地毯……（当顺着楼梯离开大厅时），建筑师不会将所有梯级暴露在人们的视线中，于是只能看到开始的几级踏步。……在乡村住宅中，楼梯是隐藏起来的，因为它只通向卧室，而卧室是私密之处……有几样家具……重复出现在各种大厅里。这些家具包括一张厚重的玄关桌和一把带靠背的长椅。……有活动桌腿的英格兰式圆桌同玄关桌一样非常流行。……如果厅的面积比较小，便只有几把木头椅子和木头靠背长椅。"[3]

这便是赫尔曼·穆特修斯（Hermann Muthesius）对这种"综合空间"的描述，密斯对这种"综合空间"的运用未必意味着他对这个主题是有意识的，或者是他自己的设计创造的：当时这种布置已经是一种固有模式——一种类型。

虽然这个中央空间相当朴素，尤其是当所有的门都关起来的时候，但它也显得很宽敞。穆特修斯认为，宽敞正是这种空间的品质。有了这个空间的存在，房子就能直接向着凉廊开放，从那里能看到远处的湖泊与森林的全景，大厅转化成了建筑的一个舞台立体背景。在进入房间时，参观者一眼就能看到楼梯，但是人们看到的也只是开始的几级踏步，楼梯随后朝着光亮处转了一个弯便出了视线范围之外。楼梯平台上的一道门明确表示，后面的空间是私密的。

住宅的首层平面组织的方式是这样的：门一打开，人可以在这个中央大厅中从好几个方向看到外面。客人们坐在餐桌边，不论哪个位置，每个人都能看到室外的景色，所有的视线在空间的中心星形交叉。这一切都给建筑增添了极为开敞的印象。与大厅相连的两

首层平面图

临街立面

个凹室可以用窗帘隔开，形成两种不同的状态：一种更私密，一种更开放。从住宅不同的立面上同样可以看到相反的两种特质：内向的立面朝向街道，而外向的立面对着私人花园。

后续改造

里尔住宅在 2001 年进行过修复。[4] 对花园围墙、阳台、平瓦屋顶和烟囱都进行了重建。四周玻璃的闭合凉廊在更早的时候被改造过，此后便保持了改造后的样子，没有恢复成最初的状况。原来封闭的楼梯间和升降梯换成了开放的楼梯间，入口大门也换了。大多数原来的配件都丢失了，只有阁楼上还剩了一些。由于原来的设计档案和施工图都不复存在，而出版物中的平面图都是理想化的平面，并非建筑实测图，所以最后无法确定原来的楼层及阁楼的平面图。

今日视角

密斯在其职业生涯之初创造的"综合空间"标志着他后来的"通用空间"（universalspace）的第一次使用：一种不受特定功能影响的建筑。他这样解释："我总是喜欢大空间，在其中我可以随心所欲……我说：'让你的空间足够大吧，伙计，这样你就能在其中随意溜达，而不是只能沿着一个特定的方向走！'……我们根本不知道人们是否会在这些空间里做我们设想他们做的事。功能并不是那么清晰而固定的；它们可比建筑变化得快。"[5]

密斯显然希望实现这种空间组合的准确性以及这种比例的准确性。大厅宽度与长度的比例是 2：3，高度与宽度的比例也一样。与大厅相连的凹室有着相同的比例，入口门廊和窗户以及通向凉廊的开口也是同样的比例。从密斯后来的建筑中，我们知道他从来不随便决定比例，他宣称"艺术本身从比例中表现出来"。[6] 但是，他的首层平面图在建造中耗费了巨大的努力才得以实现，因为空间的安排与建筑的结构是矛盾的。要实现大厅的尺度和方位，不可以使用柱子，于是采用了一种隐蔽的支撑结构。隐藏的柱子支撑着隐藏的工形梁，梁之上是上部其他楼层的横向山墙。这种昂贵的支撑结构表明，密斯此时距离他后来的结构简明理念是多么遥远。但同时也表明他多么坚决地希望在这种低调的建筑类型的限制内实现这个特别的设计。

里尔住宅也可以通过戈特弗里德·森佩尔（Gottfried Semper）的"建筑四要素"理论进行分析。在 19 世纪，森佩尔将四个基本要素作为建筑的特征——壁炉、屋顶、围合及土台——他将每一个要素与特定的材料相关联。在里尔住宅中，壁炉与金属和陶瓷材料有关，"壁炉"正是用这些材料做的。尽管实际上这只是一个散热片，但把它像圣坛一般处理和布置为它赋予了壁炉的地位。至于围合，森佩尔提到"Wand（墙）一词与 Gewand（衣服）有着同样的词根。它们形容的是围合着空间的墙的纹理或构造。"[7] 甚至当墙后来用石材、木材或大理石面板建造时，森佩尔坚持认为它们仍然代表着一种从古代的织物衍生而来的没有结构的围合。在立面壁柱精细的断面图上，结构与非结构填充物分离的原则还是看得出来的，尽管只能在构造的连接处看出来，而且只是小心翼翼地暗示出来。在花园正面，实际上用一种类似于砖木结构的方式省略

了这些填充板。最后，这种建筑设计四大要素的方法在建筑与地形的关系上最为明显：建筑与基地用一个大土台牢牢地锚固在一起。

1　出自乔治娅·凡·德·罗（Georgia van der Rohe）的纪录片《密斯·凡·德·罗》（Mies van der Rohe）中与密斯的对话，1986 年。

2　Hermann Muthesius, *Das Englische Haus*, Berlin 1904, vol. 3（English-language edition：Hermann Muthesius, *The English House. Volume III: The Interior*, London 2007）.

3　同上，第170～173 页。

4　住宅的修复由建筑师海科·福尔克茨（Heiko Folkerts）与结构顾问约尔格·里贝格（Jörg Limberg）合作，见福尔克茨与里贝格的稿件，出自 Johannes Cramer and Dorothée Sack（eds.）, *Mies van der Rohe - Frühe Bauten - Probleme der Erhaltung - Probleme der Bewertung*, Petersburg 2004, pp. 27-55.

5　路德维希·密斯·凡·德·罗于 1964 年与乌尔里希·康拉德的对话，录制于一张胶片：*Mies in Berlin*, Bauwelt, Berlin 1966.

6　路德维希·密斯·凡·德·罗，一份广播手稿，1931 年 8 月 17 日，出自：Fritz Neumeyer, *The Artless Word -Mies van der Rohe on the Building Art*, Cambridge, Mass.1991, p.311.

7　Gottfried Semper, *Die vier Elemente der Baukunst*, Braunschweig 1851, p. 57（The Four Elements of Architecture, Cambridge, MA, 2011）.

2 佩尔斯住宅

柏林-策伦多夫社区（Berlin-Zehlendorf），德国
1911～1912年

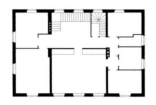

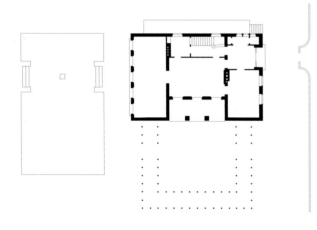

从形式上看，佩尔斯住宅（Perls House）毫无疑问是一个简明的体块，但它的设计要求却希望能将室内与花园联系起来。从街道上看，这座建筑给人以简单而低调的印象，这与其内部流线的复杂性以及联系室内与室外的多层系统的视线轴很不相符。

花园围墙有一个曲面的凹形，仿佛一个邀请的姿势，引导参观者穿过大门，并指引他们走向不对称布置的入口，进入住宅。虽然入口门廊位于建筑的一角——就像住宅本身也位于基地北侧的一角——人们在这第一个空间中能看到各个方向的景色。几条视线轴穿过住宅，并在参观住宅路线的分岔点交叉，一条路通向接待空间，另一条通向私密区域。打开门，从入口大厅这个点可以看到整个一层，还能看到前面花园的景色。住宅的主人是一名律师，也是一位收藏家。书房旁边是中央餐厅，另一边是一个长条形的房间，可以在那边演奏音乐。在平面图中，有一个曲线更加明显的元素，是楼梯底层的一级圆形踏步，它的作用与花园墙的曲面类似，以邀请的姿态鼓励人们在住宅中活动。

当时，25岁的密斯还在彼得·贝伦斯建筑师事务所工作，这位客户与他一般年纪，他告诉客户，"建筑师必须了解住在他所设计的房子里面的人，了解他们的需要，然后了解其他必需的方面。当然，除了客户的期望，建筑的位置、方向和基地的大小对于决定最终方案也起着重要的作用。下一个自然要考虑的问题是在'何处'以及'如何'设计室外空间。"[1] 因为住宅中收藏着许多艺术品，一层的空间带有展示的特征，而卧室和孩子的房间以及浴室、壁橱和客房则位于二层。在一层还有一个开口通向北面一个狭窄的庭院，那里布置着厨房、洗手间和一间佣人房。由于有一个陡坡，两层的建筑从北面看起来像是有3层。

室内房间简洁的比例从室外各处反映出来。住宅的长度与高度之比符合黄金分割比，效仿着卡尔·弗雷德里希·申克尔的柏林博物馆（现名"柏林老博物馆"）。两个不同的花园都与住宅的宽度相同，与建筑有着直接的关系。其中第一个花园用长满植物的木头花架三面围合，从凉廊可以直接到达，这个凉廊本身就是一个过渡区，从花园延伸到建筑。花园的第二部分是一个下沉式长方形庭院，也与建筑立面有直接的关系。五个从底到顶的落地窗向外通向花园，可以看到周围环境的全景图。一个单层踏步从住宅通向花园，从那儿有一个小楼梯通向下沉花园平台。在花园中央有一座抽象的雕塑，它的位置——如同花园平面图中所标示——对准了住宅的主轴线。雕塑标志着这条轴线的尽端，将这座实际上并不大的住宅的空间印象增大到最大限度。

后续改造

现存的住宅曾经历过大范围改造，后来又进行了部分复原。花园的景观不复存在，建筑现在属于一所灵智学校，花园的景观也没有得到修复。建筑的第一次易主发生在建成之后不久，最初的主人胡戈·佩尔斯（Hugo Perls），一名律师、艺术史学家，后来又成为一个柏拉图学者，他用这座住宅跟爱德华·福克斯（Eduard Fuchs）换了5幅马克思·利伯曼（Max Liebermann）的画，后者是一位共产党创始人，也是一位艺术收藏家。在1927年到1928年之间，福克斯在建筑的一侧加了一个画廊，也是由密斯设

二层平面图
首层平面图
从花园看建筑

朝向花园的立面

从花园看凉廊
凉廊

计，但是五年后，福克斯被迫逃离德国，那时他的房子和著名的色情艺术收藏品都被党卫军没收。废弃了几年后，佩尔斯住宅在阿尔贝特·施佩尔（Albert Speer）的指导下改造成了一个秘密工厂，为报复性袭击武器（V 系列火箭）生产仪器和仪表。二战后，该公司继续繁荣，在住宅中生产医疗技术设备，直到 1970 年代末。

门和窗都被更换了，凉廊也被封死了。对建筑进行了加建，像第二层皮肤一样包裹着原来的建筑。住宅刚建成后只留下一张照片，从一个透视的角度展示着理想化的景色，与密斯自己绘制的表现图很契合，也很像申克尔的表现图。迪特里希·冯·波尔维兹（Dietrich von Beulwitz）负责建筑的修复，他非常依赖菲利浦·约翰逊对这座建筑的回忆，约翰逊曾经在各种改造之前仔细地研究过这座建筑，能够描述出它最初的色调。[2] 冯·波尔维兹描述过他遇到的困难，"现代的石膏和油漆都是工业化产品，与以前的材料非常不同"。建筑最初涂刷的是"熟石灰石膏"，"一种'在户外'使用的石灰油漆与石膏的混合物，随着时间轻微擦落，形成一种特别生动的效果"。[3]

今日视角

整个设计围绕着住宅几何中心上餐桌的位置。连接建筑与花园的两条主要轴线以准确的角度互相交叉在这个中心点上，其他的对角视线也在这里交叉，继续延伸便可以看到外面的绿色植物。这种星形的轴线组合形成了一种周围自然环境的全景图，将室内和室外空间结合在一个空间概念中。这种紧凑的形式展示了一种保守的节制和几何的严格，这在空间的比例上也能看出来。餐桌周围的中央空间比例是 2：3，当对着凉廊的窗户打开，便近乎延伸为一个正方形。这种建筑的几何精度与空间扩张感之间的张力形成了建筑的特征。

很长时期内，这座住宅极少得到密斯研究者的关注，除了不断提及的申克尔的影响[4]，人们后来终于认识到它所包含的早期标志性特征，在密斯的晚期的作品中亦有所发展。对弗里茨·诺伊迈尔（Fritz Neumeyer）来说，有一个特别的细节揭示出密斯的中心主题：清晰而理性的结构表达。这个细节是，在凉廊的侧墙上切出了一个 1 厘米深的槽沟，这个转角结构与并排的承重柱一样立刻被清晰地表现出来。"这个小细节显示出构造骨架的独立性，"[5] 诺伊迈尔声称，并且进一步这样解释了建筑：凉廊可以理解为一个插入建筑的花架。

凉廊有一个关键的功能。它是一个转换空间，连接着室内与室外。它既是建筑的一部分，可以视为室内的延伸，也是花园的一部分，如果把它视为围绕着室外空间的花架的延伸。

从开口的准确位置，到音乐室通往花园的连续台阶，室内与室外的转换是相互连贯的。这个台阶细节虽然很不起眼，却与其他通向下面有雕塑的下沉庭院的台阶一起，让人的活动线路形成一种显而易见的下降感。这反过来又赋予建筑一种坐落于一个升起的平台上的印象。在后期的作品中，密斯也将室外雕塑以这种方式放置，这样一来，它们便与室内产生了联系，增强了空间感。

1　胡戈·佩尔斯的回忆，出自：*Warum ist Kamilla schön? Von Kunst, Künstlern und Kunsthandel*，Munich 1962.
2　冯·波尔维兹汇集了所有他能够找到的能提供建筑原来状态线索的文件。更多参考信息详见：Dietrich von Beulwitz，"The Perls House by Ludwig Mies van der Rohe"，出自：*Architectural Design*，vol.11/12, 1983.
3　同上，第 63 页。
4　参见 Philip Johnson 1947, p. 14；Blake 1960, p. 160；Spaeth 1985, p. 22.
5　Fritz Neumeyer，"Space for Reflection: Block versus Pavilion"，出自 Franz Schulze（ed.），*Mies van der Rohe - Critical Essays*，New York 1989，pp.164-165.

3 科勒尔-穆勒住宅，立面模型

瓦森纳（Wassenaar），荷兰
1912~1913年
已毁

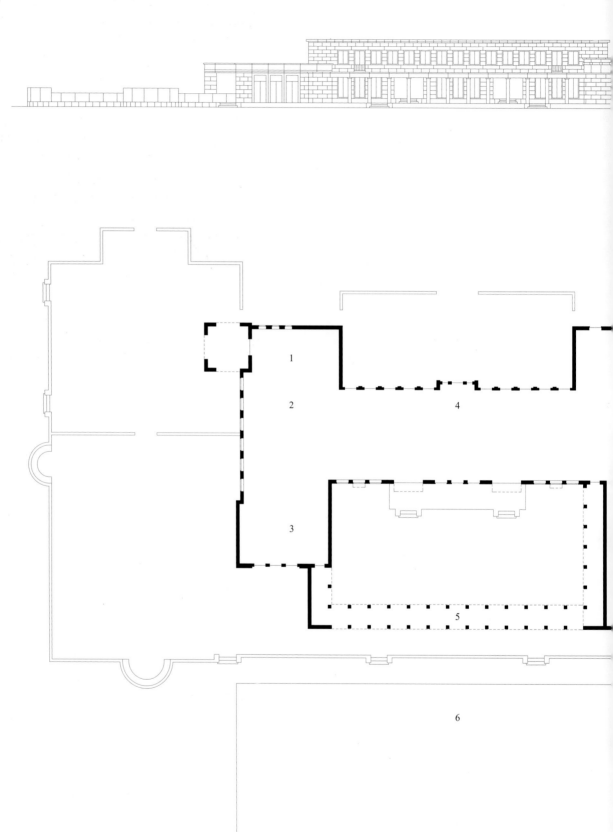

1 前厅
2 大厅
3 餐厅
4 走廊
5 花架
6 水池
7 女主人起居处
8 画廊展厅
9 带有小水池的花园
10 温室

立面图
首层平面图

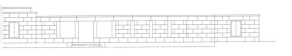

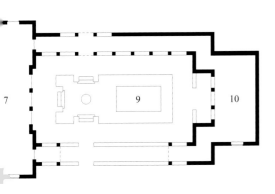

1912 至 1913 年，在荷兰北海岸一个海滨基地的沙滩与森林之间，曾经矗立过一个建筑足尺立面模型（Façade Mock-up），由木框架外裹帆布并涂漆而成。对于这个装置，唯一为人所知的照片发表于 15 年后的一篇文章中，文中配有这样的描述："密斯对这个项目的评论非常准确，如果去除立面的细节设计，你就会看到这座建筑与他现在做的那些建筑非常相似。他的主张就是，不是生活服从建筑布局，而是建筑的布局服从生活的过程。"[1]

科勒尔 - 穆勒住宅（Kröller-Müller House）最初的首层平面图不复存在，但是密斯后来根据记忆画了一系列空间草图。[2] 他将入口布置在建筑"H"形平面的一角。参观者通过一个前厅进入一个典型的大厅，那里有一条路通向餐厅，还有一条长通道通向建筑的另一翼，那里有一个巨大的画廊展厅。在这一部分的远端，有一个大厅也起着前厅的作用，将参观者分流至不同的方向。

房屋的女主人海伦·科勒尔 - 穆勒（Helene Kröller-Müller）对于纪念性的乡村住宅有着自己独特的想法。她想要一个没有窗户的大厅来展示夫妻二人的绘画收藏品，并且布置在她自己的房间附近。[3] 空间序列的组织非常复杂，因为不同的功能区需要互相独立，但仍然要合并成一个整体的组合。这些不同的区域包括一系列用于娱乐的接待空间、夫妻的私人居住空间、仆人使用的服务空间以及用于艺术收藏品的半公共空间。这个空间规划体现着不同的生活过程，彼得·贝伦斯在最初接到这个项目的委托时，对此有所记录。他也曾在基地上设计足尺模型进行实验，但是最后被否决了。密斯当时是贝伦斯的助手，他与客户建立了良好的工作关系。后来，客户要求密斯为这个住宅设计一个他自己的方案，这也标志着他与贝伦斯合作的结束。

在贝伦斯早期为该项目所做的设计中，参观者也是通过前厅进入大厅，从那里通过一个走廊继续进入建筑的远端部分，那里布置着没有窗户的画廊空间。起居室在轴线上与它前面一个水池对齐，"家人通常在这里进餐，这是荷兰典型的习惯"[4]，而餐厅仅用于特殊的场合或招待客人。带有一系列招待空间的部分被分成两个线形区域，一个是提供服务功能的空间，一个是准备这些服务的空间。弗里茨·霍贝尔（Fritz Hoeber）对女主人房间的描述为："一端的男主人房间为正方形，呼应着另一端一个巨大的前厅，从那里可以到达女主人私人的生活起居处。她的起居室布满了一组特别的衣柜，只能通过前厅才能到达；走廊没有直接通向这里的门。为了延续这种类似修道院的单元，女主人的起居室带有自己的花园，在一个私密的庭院有一个'秘密花园'（giardino secreto），短边侧面是自由竖立的柱子，从她房间的窗户能看到一种广阔的景色，同时也提供了一种围合感。"[5]

密斯在自己的方案中继续采用了这种花园的处理方式，在侧面加了一个温室，同样把它归于女主人的住处。[6] 他只让一个房间向着花园开放，增强了花园的私密感。我们从记录中得知，海伦·科勒尔 - 穆勒认为贝伦斯设计的建筑缺少私密性。[7]

至于密斯的设计为什么最终也被否决，人们只能推测。在密斯深化他的设计之时，客户又委托亨德里克·彼得鲁斯·贝尔拉格再出一个方案。科勒尔 - 穆勒夫妇参考了他们的艺术顾问的意见，他说亨德里克·彼得鲁斯·贝尔拉格的方案，"那是艺术，"而密斯

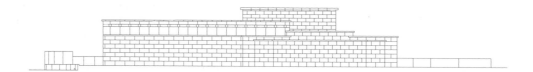

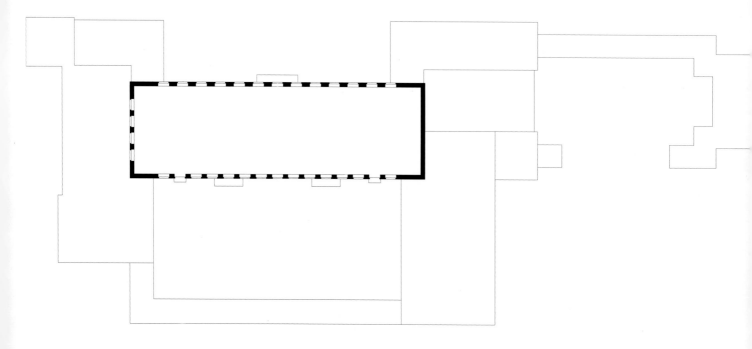

的"不是"。但是，贝尔拉格的方案最终也没有完成。密斯甚至
奔赴巴黎，从艺术评论家朱利斯·迈耶-格拉斐（Julius Meier-
Graefe）那里征求对自己设计的意见，格拉斐撰文赞扬密斯复杂的
空间设计为"美观的非对称布置"，并表示："没有一点儿零碎。每
一个部分都结合在一起，合乎逻辑。"[8]

后续改造

这个1∶1比例的建筑模型建造在一个轨道系统上，以便移动。
密斯回忆道，"所有内部的装置——隔断和顶棚——都可以上下移
动，"[9]并且在回顾中提到，以模型形式建造的房屋是很危险的。

今日视角

用到"危险"一词，密斯或许指的是，建筑不仅仅是竖立起一
个尺寸完全一样的形象。甚至说，即使人们可以体验模型的空间特
征，它也缺少建筑所有的物质性与构造细节，以及与位置的联系。
但是，雷姆·库哈斯（Rem Koolhaas）在《小、中、大、超大》（S，
M，L，XL）一书中写道："我突然看到他正在这巨大的体量里面，
一个比起这空间试图体现的阴暗而古典的建筑更明亮、更隐晦的巨
大的立方体帐篷里。我猜测——几乎是带着嫉妒——这个对于未来
房屋的奇怪的'设定'已经彻底地改变了他：它的洁白与轻盈是否
是关于他还没有笃信的所有的事物的无法抗拒的启示？一种对反
物质的领悟？这个帆布的教堂是不是对于另一座建筑的敏锐的提
前表达？"[10]

然而密斯作品的发展在很长时间里才显示出一种进化的连续
性。除了立面严格的古典布局，第二个体量"有机地"与原来的建
筑体块连接的方式已经暗示了他后来的作品。密斯后来提到这个
项目时说："我当然被申克尔影响了，但设计一点儿也不是申克尔
的。"[11]

在扩建的建筑综合体前面设置一个水池，反射着建筑，这种情
景可以与巴塞罗那德国馆相类比，这里也有第二个小一点的水池，
布置在一个更私密围合的庭院里来反射雕塑。

密斯还曾为这个项目建造过一个更小的模型，不过在形式上做
过一些修改。在这个模型中，私密庭院向着另一边开放，里面有一
个小水池和一个坐落在圆形基座上的雕塑。中央空间相当于贝伦斯
方案里的女主人房，三个开向花园的大落地窗不见了，莫名其妙地
完全闭合起来，似乎标志着它变成了一个雕刻品的展厅。[12]

1　Paul Westheim，"Mies van der Rohe - Entwicklung eines
　　Architekten"，出自 Das Kunstblatt，vol. 2，1927，p. 56.
2　首层平面草图大约绘制于1931年。发表于 Barry Bergdoll，Terence
　　Riley（eds.），Mies in Berlin. Ludwig Mies van der Rohe.Die Berliner
　　Jahre 1907-1938，Munich 2001，p. 166.
3　参见 Sergio Polano，"Rose-shaped, Like an Open Hand. Helene Kröller-
　　Müller's House"，出自 Rassegna，Dec. 1993，p. 23.
4　Fritz Hoeber，Peter Behrens，Munich 1913，p. 201.
5　同上，第201~202页。
6　参见 Mies' legend "House of flowers for the lady".
7　参见注释3。
8　来自朱利斯·迈耶-格拉斐的信件收藏于现代博物馆档案中。引自 Franz
　　Schulze and Edward Windhorst，Mies van der Rohe - A Critical
　　Biography，Chicago 2012，pp. 41-42.
9　密斯·凡·德·罗与亨利·托马斯·卡德伯里-布朗（Henry Thomas
　　Cadbury-Brown）的谈话，出自 Architectural Association Journal，
　　July / August 1959，p. 29.
10　Rem Koolhaas，S, M, L, XL，Rotterdam 1995，p. 63.
11　参见注释9，第28页。
12　参见注释2。

4 沃纳住宅

柏林-策伦多夫社区（Berlin-Zehlendorf），德国
1912~1913年

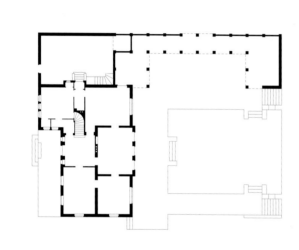

在与佩尔斯住宅直接相邻的一个基地上，密斯又设计了一座"L"形的建筑——沃纳住宅（Werner House），由几个不同的建筑体量组合而成。建筑布置在这个广阔基地的北端，与佩尔斯住宅背对着背，基地的南部顺其自然地设计成一个植物花园。与之前的里尔住宅和佩尔斯住宅一样，面对着花园的立面比起邻街的立面更开放、更重要，通过强调这个花园立面的对称性，突出了它作为主立面的特征。与此形成对比的是，从基地的北面，人们只能看见一面墙，将服务功能的庭院遮蔽起来，与街道最靠近的窗户是厨房的窗户。住宅以这种姿态背离街道，转而向着私密的室外区域开放。

在风格上，这个有着双重斜坡屋顶、用灰泥粉饰的建筑遵循着当地传统的建筑形式，让人怀念起阿尔弗雷德·梅塞尔（Alfred Messel）的类似建筑，保罗·麦比斯（Paul Mebes）在他的《1800年的建筑》（Um 1800）一书中曾经对此有过描述。[1]这种风格倾向更为强调朴素感，而不仅仅是古典主义的名气。住宅的平面与彼得·贝伦斯的维甘德住宅（Wiegand House）类似，尤其是伸向花园的花架，但它并不追求纪念性：建筑的尺度更加适中，气氛更加亲密。

从街道到主入口的道路升高了几级台阶，到达一个抬高的台墩。所有这些要素——小路、台阶和台墩——都铺着砖。从住宅的入口开始，建筑中的交通流线并没有直接通到花园，而是通向一个用暖气罩围着的散热器，它的细节与佩尔斯住宅中的一样，有着交替的方形截面和圆形截面的栏杆，这些栏杆呈轻微的凸肚状，非常像古典的柱子。在其他地方，装饰细节处理得都很简单，只在花架柱子上的一个大写字母和极度抽象的檐口细节有些许体现。

从房子出来走到花园，便进入了建筑所限定的又一层空间。在这里，建筑与所在地形的结合比起密斯早期的建筑更加强烈。在这个"L"形的综合体中，建筑与花园也被看成一个整体。与隔壁的佩尔斯住宅一样，住宅向着一个下沉式花园开放，不同的是，这里的花园周围由步行道围绕，步行道是柱廊的形式。在之前为科勒尔-穆勒住宅所做的设计中，密斯曾描述过一种像"花架"一样的类似结构，但是那些结构不像这座建筑综合体中只覆盖着屋顶的部分这么开放。

住宅后部的花园——这是一个粗质石材铺地的平台——也是可以进入的，与维甘德住宅中的花园一样，可以通过中央轴线布置的房间的三个落地双扇玻璃门进入，也可以从紧挨着的直接向花架开门的餐厅进入。还有一个与维甘德住宅布置的相似之处是，花园被分成两个不同的概念区域：一个几何形式规整的、与建筑直接相连的区域，以及一个景观花园区域。建筑中的交通流线是相互贯通的，让人既能把建筑当作景框，欣赏到风景，又可以沿着两条石头台阶拾级而上，来到一片森林，从那里可以欣赏到全景图。

后续改造

后期扩建以之前的服务功能庭院为基础，改变了建筑整体的外观。扩建部分建于1920年代，延续了建筑的形式语言，但是改变了建筑的形状。花园也被改变了：正后方的挡土墙换成了一个半圆形凹面墙。[2]下部的水池也是后来加建的，那里原本是一丛草本植物。为了容纳一个轮椅通道斜坡，花架也被加长了，现在这座建筑由一个学校使用。

首层平面图

花园
花园中的台阶

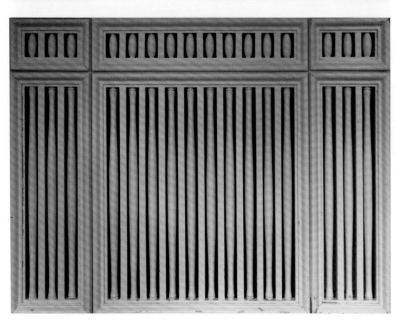

今日视角

虽然重建工作只是恢复了围合花园的柱廊的一翼，而且并没有遵循密斯最初的概念，但仍能让我们体验到密斯作品中建筑与花园的统一性较之其早期的作品更加有力，而且依然能感觉到亲密的氛围。花园的地形被"建造"成一系列由踏步连接的平台，建筑因此显得更加高大。

在密斯的下一个作品——沃恩霍茨住宅被历史学家发现之前，在他的全部作品中，沃纳住宅被认为是一个孤例，有人因此怀疑它并非密斯所作。[3] 但是，比起形式上的简约和格式化的语言，这座建筑整体的结构概念更加值得注意。密斯的设计基于一个已建成的建筑类型，他后来宣布简洁和自明性的概念是一种理想，但是令这座建筑与密斯产生关联的是通过建筑的体量来限定空间。直角的形式创造出庭院被保护的状态，这是一种密斯设计自宅时也采用过的原则，虽然一直没有建成。在他后来对佩尔斯住宅的加建中，也创造了一个类似的L形，说明居住的方式没必要跟随建筑的布局，而是恰恰相反。但是密斯没有忽略比例清晰的矩形平面的朴素与严格。佩尔斯住宅和沃纳住宅的不同平面表现出概念上的两极，在此后的作品中，他继续在这两极之间进行尝试。回顾以往，他在欧洲的所有作品都可以视为将矛盾概念带入和谐平衡的一种尝试。关于这个时期，密斯后来说道："我从荷兰回来之后，内心的挣扎随即而来，我试图将自己从申克尔式古典主义的影响中解放出来。"[4]

L形布局的起源可以回溯到科勒尔－穆勒住宅项目。在贝伦斯之前为这个建筑所做的设计中，女主人生活区与一个私密花园相连。密斯也参与了这个设计。在他自己为这个住宅所做的设计中，继续使用了这个概念，最终在沃纳住宅中以类似的形式实施。

---

1 Paul Mebes, *Um 1800*, Munich 1908. 与德克·罗韩的对话中，密斯提到阿尔弗雷德·梅塞尔在柏林设计的奥本海姆别墅（Villa Oppenheim）是他的灵感之一。记录于纽约现代艺术博物馆密斯档案的一份手稿中。

2 关于花园设计的更多信息，参见 Christiane Kruse, *Garten, Natur und Landschaftsprospekt - Zur ästhetischenInszenierung des Außenraums in den Landhausanlagen Mies van der Rohes*, Dissertation, Freie Universität Berlin 1994.

3 住宅的平面图只有费迪南德·戈培尔（Ferdinand Goebbels）的签名，他是密斯的合作者，也参与了佩尔斯住宅的施工。后来发现了密斯签名的深化设计图。同样参见 Christiane Kruse, "Haus Werner - Ein ungeliebtes Frühwerk Mies van der Rohes", 出自 *Zeitschrift für Kunstgeschichte*, 1993, pp. 554–563.

4 路德维希·密斯·凡·德·罗于 1964 年与乌尔里希·康拉德的对话，录制于一张胶片 "Mies in Berlin", Bauwelt, Berlin 1966.

回廊
通往入口的台阶
暖气罩栏杆

朝向花园的立面

5 沃恩霍茨住宅

柏林-夏洛滕堡（Berlin-Charlottenburg），德国
1914~1915年
已毁

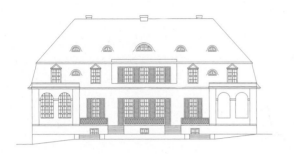

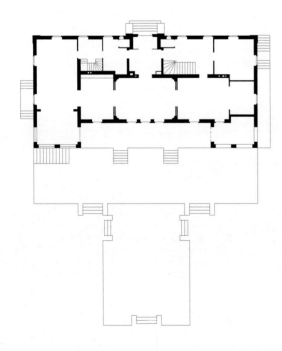

沃恩霍茨住宅（Warnholtz House）位于樱花大街，延续了沃纳住宅的形式语言，直到 2001 年才被认定是密斯的作品。[1] 参观者通过一条中轴线以尽可能最短的路径穿过建筑。中央会客室的西侧是音乐室和餐厅，东侧是图书馆和书房。这些房间环绕着中央的大厅，所以比例非常清晰：会客厅正好是 5 米 × 7.5 米，门厅是 3 米 × 4 米，西边封闭的阳台是 4 米 × 5 米，图书馆是 4 米 × 3 米。[2] 第二条转换轴线提供了与主轴线正交的视线，最大程度地创造出一种宽阔感。密斯曾公开过自己对于阿尔弗雷德·梅塞尔的景仰，尤其是对他设计的奥本海姆住宅（Oppenheim House），这可以从立面的细节以及开放式阳台的设计中看出来。该建筑于 1960 年左右被拆毁，花园也遭到破坏。

1　Markus Jager, "Das Haus Warnholtz von Mies van der Rohe（1914/15）"（The Warnholtz House by Mies van der Rohe），出自 *Zeitschrift für Kunstgeschichte*，2002，pp. 123-136. 花园的设计曾根据历史航拍照片修复，感谢马库斯·雅格提供的珍贵资料。
2　这些尺寸来自柏林的国家档案馆的资料。

立面图
首层平面图

6 乌比希住宅

新巴伯斯贝格，德国
1915~1917年

乌比希住宅（Urbig House）的设计利用了格里兹希（Griebnitzsee）湖岸斜坡基地的地形，它从一面看是2层，从另一面看是3层。与沃恩霍茨住宅一样，一系列台阶从居住区域经过一个阳台向下通向花园。一段紧邻建筑的更开放的阶梯通向一个小休息区。阳台就像一个台墩一样相互贯通，看起来贯穿了整座建筑，在邻街的一面则做成一个夸张的洞石踏步，形成一种建筑坐落于一个底座之上的印象。阳台的洞石铺地后来被修复了，栏杆、百叶窗和花园篱笆也恢复了原状。但是进入下面一层的入口改变了。住宅的船库在1961年修建柏林墙的时候被拆毁，它曾经穿过整个花园。[1]

1 关于这座建筑的使用与修复的更多信息，参考：Winfried Brenne，"Haus Urbig, Neubabelsberg. Baugeschichte und Wiederherstellung"，出自 Johannes Cramer and Dorothée Sack（eds.），*Mies van der Rohe: Frühe Bauten.Probleme der Erhaltung, Probleme der Bewertung*，Petersberg 2004，pp.62-70；以及 Claudia Hain，*Villa Urbig 1915-1917 - Zur Geschichte und Architektur des bürgerlichen Wohnhauses für den Bankdirektor Franz Urbig - Ein frühes Werk von Ludwig Mies van der Rohe in Potsdam-Babelsberg*，Berlin 2009，private print. 其中包括打印版的密斯设计的船库平面图。

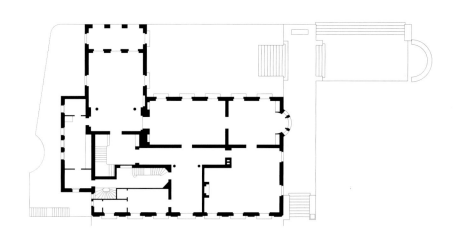

首层平面图

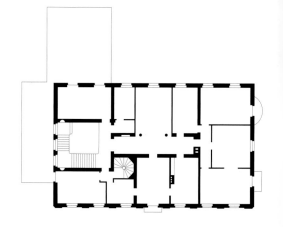

临街立面
朝向花园的立面
室外台阶 二层平面图

7 劳拉·佩尔斯的墓碑

柏林-白湖（Berlin-WeiBensee），德国
1919年

劳拉·佩尔斯的墓碑（Tombstone for Laura Perls）矗立在柏林－白湖犹太人公墓[1]，是密斯为劳拉·佩尔斯（Laura Perls）所设计的，她是密斯第二个客户的母亲。严丝合缝的石块由贝壳灰岩做成——不是什么寻常的石灰岩，而是昂贵的岩芯，有着特别致密的结构，在以前是一种用于雕塑的石材。从坟墓基座石头的表面结构可以看出是逆着纹理切割的，而上部的石头则是顺纹切割。这种宝贵的材料在空间上被叠置为一个体块，它的平实但富有纪念性的形式仅仅通过体块的精确组合而简洁地表达出来。墓碑的高度与长度之比正好是 3：4。

1 Berlin Heritage Authority and Berlin Technical University（eds.），*115, 628 Berliners - The Weißensee Jewish Cemetery - Documentation of the Comprehensive Survey of the Burial Sites*，Berlin 2013，p. 54.

8 肯普纳住宅

柏林-夏洛滕堡，德国
1921~1923年
已毁

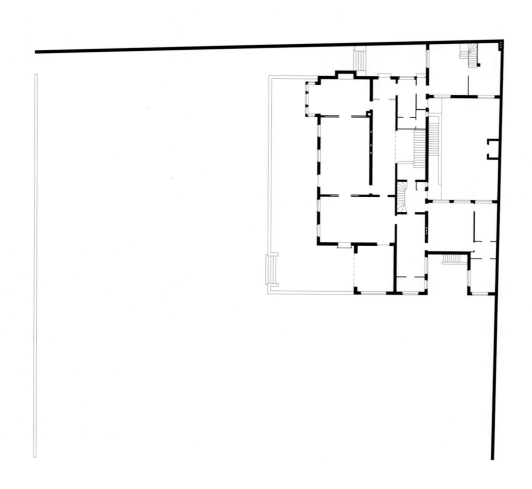

立面图
首层平面图

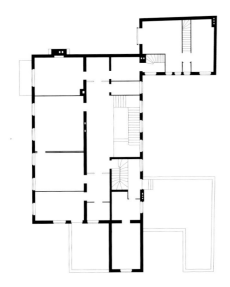

肯普纳住宅（Kempner House）坐落在基地的东北角。住宅由与主体相连的一系列不同的侧厅组成。两个服务侧厅位于一道防火墙东边，包括仆人区和厨房，围合成一个庭院。根据建筑档案中的记录，密斯曾经为了保护基地里的古树，力争将建筑更靠近边界布置而超出了控制线，他与管理部门反复协商并且最终成功了，因为这是唯一的办法。[1]

首层平面布局复杂，将主人待客的需要与佣人的功能组合在一起。平面可以解读为一个图表，在"服务"与"被服务"空间之间有一条分割线。住宅中男主人的房间也与女主人的房间分开。男士用房带有壁龛和壁炉，构成了最北面的接待空间序列，可以用滑动门连接或分隔，女士用房位于二层，能进入屋顶阳台。另一个屋顶阳台布置在"L"形厨房侧厅的顶上。[2]

建筑的入口没有围绕着中央轴线组织，而是通过一个不太引人注目的入口，从侧面进入。参观者从西北角进入基地，沿着一道原有的围墙，走向以前的服务侧厅，走过几个台阶，转90度进入建筑。进入后，参观者会看到，沿着建筑的长度有一系列房间一直通向花园。与密斯后来在克雷菲尔德设计的朗格与埃斯特尔别墅一样，这座建筑也是通过一个顺着地势铺砌的阳台进入花园。

以前的平面图并没有反映出实际建造的情况，但是以前所做的设计在建造中被修改了好几次。[3] 在那些平面图里，通向服务侧厅的门直接出现在轴线上，也画着参观者到达建筑的道路。然后这条道路直接通向这个辅助的门，密斯显然认为这个位置是错误的，后来他用一个与服务侧厅相通的窗户替代了这个门，并将服务侧厅重新布置在主入口旁边。

线形的道路从入口到阳台贯穿住宅，阳台一侧开敞，另一侧有一个窗户。在两个室外区域之间采用玻璃，在一定程度上属于非同寻常的方案，但是密斯在里尔住宅、乌比希住宅、朗格与埃斯特尔别墅中都采用过这种手法。这种方法提供了一种景观的框架作用，既能感觉栖身于室外，又感受不到风吹雨打。这种效果就是因为有一个遮蔽的空间，算是一种过渡区，既是建筑的一部分又是花园的一部分。尽管风格不同，肯普纳住宅和后来的朗格与埃斯特尔别墅采用了同样的空间结构序列，从餐厅通过一个半开放的有覆盖的阳台，阳台转了90度，然后有一段楼梯向下通向花园。

这座住宅有一种明显的荷兰风格。主体采用砖结构，用的是荷兰砌筑法，服务侧厅上有一个阶梯形的山墙。甚至一些凸点的砌体图案也是起源于荷兰。密斯曾说他深受荷兰建筑师亨德里克·彼得鲁斯·贝尔拉格作品的影响。肯普纳住宅以其不同的建筑体量复杂而不对称的错落布置，有凸窗也有高耸的烟囱，比起申克尔血液中的柏林传统，这座建筑在精神上更接近贝尔拉格。楼梯间垂直的窗户上的彩色玻璃和地板砖上的织物图案也与贝尔拉格的建筑特征类似。

后续改造

建筑周围种植了葡萄植物，几年内就布满了整个朝向庭院的立面。第二次世界大战时，建筑经历了严重的破坏，1950年代早期，建筑的残余被拆掉。如今基地被柏林技术大学数学系使用。

二层平面图

立面图

今日视角

在设计肯普纳住宅和上一个乌比希住宅之间的时间里，密斯的生活和工作受到了一系列历史事件的影响，这些事件不仅引起了重大的政治动荡，而且更改了整个建筑业的发展方向。密斯在一战时曾应征入伍，当他退伍回来，像许多同时代的人一样，用充满理想的设计来迎接建筑与社会的转型。

几乎与密斯所有的早期建筑一样，肯普纳住宅未在当时的出版物中公开。人们一直不知道这座建筑的样子，直到 1980 年代中期发现了它的建筑档案。在菲利浦·约翰逊关于密斯作品的专著中发表了一张设计草图，但是真正的建筑与草图的形式不同。在该书的前言中，约翰逊解释道，建筑未被发表，只是因为它们没有遵循密斯的指导原则。书中介绍了五个先锋派项目——两座玻璃摩天楼、一座办公建筑、一座混凝土乡村住宅和一座砖结构乡村住宅——尽管建于同一个时期，这些建筑一直掩盖了肯普纳住宅的光芒，直到现在。

试图将未建成的"现代"作品和"传统"建成项目之间的矛盾解释成为生计的作品，或者假设密斯是屈服于客户的保守口味，这与密斯本人的奢华生活方式以及他在对待客户时著名的"没商量"的立场是不相符的。[4] 几年后，密斯还曾通过展示肯普纳住宅来争取吐根哈特家族的委托。

与同时期建造的费尔德曼住宅相比，肯普纳住宅的首层平面具有绝对的复杂性。回顾以往，人们可以看出密斯 1920 年代早期的作品在两个有分歧的空间概念之间动摇。费尔德曼住宅的古典方案采用了对称的中央轴线，组织极其简洁，肯普纳住宅则反映了复杂的空间关系，这种关系在有佣人居住的豪华住宅中非常盛行。密斯后来将这种组织空间的复杂方法称为"秩序的有机原则"[5]，但是很长时间内他都犹豫不定，在"古典"和"有机"的功能组织之间摇摆。

1　参 见 the building records for Sophienstraße 5-7 in the Berlin State Archives: B Rep. 207 Nr. 1608.

2　一进入住宅，左边是一个衣帽间和卫生间，主人的私密房间位于右边，住宅的主人是枢密院官员马克西米利安·肯普纳（Maximilian Kempner）。从入口径直向前穿过楼梯到达餐厅和前面的阳台。与餐厅相连的是起居室，起居室面向一个露台开放，这个露台也是一个服务空间，能从厨房直接到达。另一个服务侧厅有仆人们自己的生活区和厨房，从另一个入口进入。一段楼梯通向休息区。男主人的卧室与他妻子弗兰齐斯卡·肯普纳（Franziska Kempner）和儿子的卧室，以及"女主人生活区"都布置在二层。

3　平 面 图 发 表 于: Fritz Neumeyer, *The Artless Word - Mie svan der Rohe on the Building Art*, Cambridge, Mass. 1991, p. 85. 对于这座住宅最全面的研究参见: Andreas Marx, Paul Weber, "Konventioneller Kontext der Moderne - Mies van der Rohes Haus Kempner 1921-23 - Ausgangspunkt einer Neubewertung des Hochhauses Friedrichstraße", in: *Berlin in Geschichte und Gegenwart - Jahrbuch des Landesarchivs Berlin*, Berlin 2003, pp. 65-107. 其中公布的平面图与实际建造不相符。

4　参见 Andreas Marx, Paul Weber, "Konventionelle Kontinuität - Mies van der Rohes Baumaßnahmen an Haus Urban 1924-26. Anlass zu einer Neuinterpretation seines konventionellen Werkes der 1920er Jahre", 出 自: Johannes Cramer and Dorothée Sack (eds.), *Mies van der Rohe: Frühe Bauten - Probleme der Erhaltung, Probleme der Bewertung*, Petersberg 2004, pp.163-178.

5　路德维希·密斯·凡·德·罗的"就职演说"，出自 Fritz Neumeyer, *The Artless Word-Mies van der Rohe on the Building Art*, Cambridge, Mass.1991, p. 317.

9 艾希施泰德住宅

柏林-尼科拉锡（Berlin-Nikolassee），德国
1921~1923年

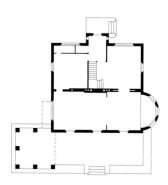

艾希施泰德住宅（Eichstaedt House）的平面近乎方形，一系列不同的空间连在旁边，作为室内外空间的过渡，或者令人在建筑内部也能体验室外的世界：一个圆形的凸窗与室内有一个高差，阳台和突出的入口门廊用一个倾斜的平台与室内相连。在初步设计中，没有表示出这个突出的门廊，但是加上它能使入口区域变得更宽敞。从这个入口通过一个玄关，经过楼梯，到达起居室和餐厅，起居室和餐厅之间隔着一道窗帘，这条通过建筑的道路会越走越明亮。餐厅通过两个玻璃门和一列窗户采光。厨房和餐具室位于住宅的西北角。尽管基地没有直接与150米外的一个湖直接相连，但能看到南边森林的景观。住宅不断地历经改造：西边进行了扩建，阳台封闭起来，前走廊也加长了。[1]

1 规划和后续改造记录在住宅建筑控制署的"Dreilindenstraße 大街 30 号"建筑档案中。

二层平面图　　　　　朝向花园的立面
首层平面图

10 费尔德曼住宅

柏林-戈吕内瓦尔德（Berlin-Grunewald），德国
1921~1923年
已毁

费尔德曼住宅（Feldmann House）的空间组织非常清晰。建筑的主体有着对称的布置，入口在中轴线上。一条线形道路贯穿住宅，抵达花园，与一条转换轴相交，形成第二条视觉轴。西边的起居室和东边的餐厅正好是 6 米 ×9 米，有着简单的比例。它们之间的门厅是 3 米 ×6 米，建筑主要部分是 11.14 米 ×22.26 米。中央楼梯有着曲线形踏步，像是把一个物体放置在中央大厅空间里。附属空间如衣帽间、佣人楼梯和服务侧厅的入口以及厨房布置在大厅右侧，书房在左侧。建筑在战争期间遭到严重破坏，重建进行了一些改造。但是核心部分原封不动地保持了 80 多年，后来被拆除。[1]

1 从住宅建筑控制署（Buiding Control and Housing Department）可以获取该建筑的档案。

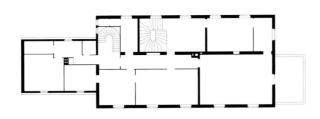

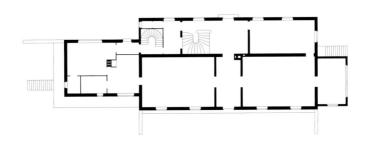

立面图
二层平面图
首层平面图

11 赖德住宅

威斯巴登，德国
1923~1927年

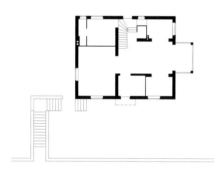

赖德住宅（Ryder House）的平面与里尔住宅十分相似。然而，与早期住宅相比，这里的楼梯没有布置在视野之外，而是让参观者一进入住宅就直接走向楼梯。在二层有一个转角窗，沿着对角视线能看到大窗户外的风景。"眺望美景"（Schöne Aussicht）不仅与街道的名字相同——威斯巴登最有名的一条街道——也是建筑的主题。住宅一侧的玻璃温室的平屋顶上带有一个大阳台，是最适合俯瞰城市的位置。1980年代，立面被改变了，加了斜脊屋顶。如今，最初的建筑中只有个别的元素还被保留着。[1]

1 这个项目是密斯与格哈德·泽韦林（Gerhard Severain）共同承接的，建筑的历史描述见: Dietrich Neumann, "Das Haus Ryder in Wiesbaden（1923）und die Zusammenarbeit zwischen Ludwig Mies van der Rohe und Gerhard Severain"（The Ryder House in Wiesbaden and the collaboration between Ludwig Mies van der Rohe and Gerhard Severain），出自 *Architectura*，vol. 36，2006，pp. 199-222。

立面图
二层平面图
首层平面图　　　　　　阳台

12 比特夫人私立学校体育馆

波茨坦（Potsdam），德国
1924~1925年

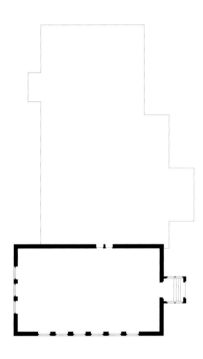

比特夫人私立学校体育馆（Gymnasium for Frau Butte's Private School）是已有学校建筑的扩建。通过一个突出的前廊进入该建筑，前廊中有几级台阶向下通向体育馆。[1]首层平面有着清晰的结构。一系列高窗给房间提供照明。檐口赋予外观一种朴素而古典的印象。尽管这是一座怀旧的历史建筑，但其结构完全是现代的。正如彼得·贝伦斯的工业建筑一样，纪念性的立面设计包裹着一个开放的内部空间，覆盖着一个精巧的钢结构屋顶。

建筑经过了大量的改造。加建了两层，内部新加了一层。立面的檐口被拆掉了，变成了斑驳的粉刷。只有窗户是按照原来的样子更新的。

1 最初建造的建筑（1925年8月28日）的首层平面图可以从波茨坦改造署（Conservation Department in Potsdam）的建筑档案"SvPAd，Acta specialia Helene-Lange-Straße 14"中获得。

立面图
平面图
立面细部

13 莫斯勒住宅

新巴伯斯贝格，德国

1924~1926年

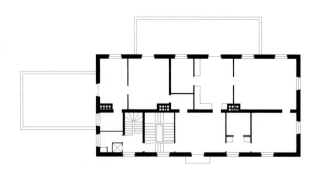

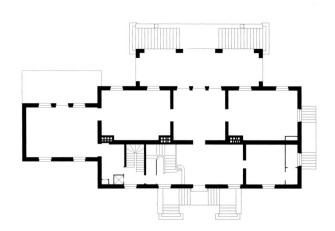

二层平面图
首层平面图

莫斯勒住宅（Mosler House）的基地正位于一片湖景之上，这不仅决定了住宅在基地中的位置，也决定了建筑中的交通流线。参观者沿着最短的路径，从入口大厅穿过住宅，到达覆顶的阳台，在这里能够俯瞰格里兹希湖。建筑的基地正在一块突出的岩石上，下面是一个陡峭的斜坡，一直向下延伸到湖边，这里也是一个极佳的俯瞰森林的位置，就像位于一个高塔之上。建筑的一层抬升起来，更是增强了这种戏剧性的效果：虽然建筑并不是坐落在一个基座上，但是斜向下插入花园的巨大的开放式楼梯却营造出了这种印象。

服务空间与被服务空间清晰地互相分离，将一层分为两个平等的区域。入口大厅、楼梯间、衣柜、卫生间、餐具室、餐用升降机和电梯的线形布置创造出带状的服务空间。接待用房——音乐室、布置在中央的图书馆和书房——也布置成线形的空间序列，宏大的纵向轴线一直延伸到花园。旁边的餐厅也是同样的比例，就像早期的里尔住宅和佩尔斯住宅餐厅的副本。它的尺寸正好是 6 米 ×9 米，又一次符合 2：3 的比例，但不同的是，这里餐厅直接向着外面的花园开放。[1] 从房间的中央，人们可以看到周围所有方向的景色，呈现出一种宽阔的视觉。

建筑没有紧邻湖泊，而是从阳台俯瞰着亲水的景色。景色被精心设置了景框，水面如同盛放在阳台洞石的平台后面，花园掩映在景色之中。于是阳台突出的洞石体块不仅是建筑坐落其上的台墩，也营造出建筑坐落于湖上的感觉。

这座建筑位于波茨坦附近的新巴伯斯贝格别墅区，是为银行家乔治·莫斯勒（Georg Mosler）而建的"乡村住宅"[2]，尽管它没有被视为密斯全部作品中最精彩的一个，却仍然非常引人注目，不仅在于它的风格，更在于它的材料与施工质量。参观者通过一套洞石踏步到达厚重的入口大门，大门表面覆盖着一层结实的油橡木。入口大厅的地板铺着卡拉拉大理石，两个华丽的内部楼梯由坚固的胡桃木做成，所有的门都由高加索胡桃木贴面，一些墙板也覆盖着同样的材料。百叶窗由一套复杂的机械操作，在嵌入墙体的凹槽中活动。门框上采用了同样复杂的定制配件。门两面的两个门把手没有采用典型样式的转轴互相连接，而是互相交错，在两个不同的点与门连接。

二层的更衣间布置在中心，设计得犹如一件优雅的家具。定制的碗柜用帕姆蕾红木板覆面，同时也形成了墙体，这种材料的独特品质来自于它的触觉质感。房间本身就像一个步入式衣柜，从外部看，外表纯木覆面，如此的高质量使它看起来像一个用精致材料做成的坚固体块，放置在住宅里面。

从风格上看，莫斯勒住宅体现了乌比希住宅和费尔德曼住宅的延续，只不过这次的建筑表面使用砖砌体。

沿街立面
从花园看建筑
俯瞰湖景

台阶细部
更衣室

顶棚细部
入口大厅

直到此时，几乎所有的密斯的建筑都是用石材建造的，只有这座建筑和之前的肯普纳住宅用砖作为表面材料。但是，与肯普纳住宅比起来，这座建筑在布置上更为清晰，更为严谨。砖与黏结剂都是特制的。密斯从荷兰进口了手工制砖，比标准的尺寸要小一些，并采用了荷兰式砌法[3]，与肯普纳住宅中砌体的图案相同。在砖墙表面突出一些浮雕点的手法也是来自荷兰。外部的砌体薄片是用饰面砖做成的，与书房的花格镶板屋顶一样，只是作为装饰，而没有承重功能。这些覆盖层有着精确的细节，不论从门廊柱子那犬牙交错的砖角细节，还是从方格顶棚上交叉连接、镜像布置的高加索胡桃木饰面中，都可以看出。

后续改造

乔治·莫斯勒是一位犹太银行家，1930 年代，在纳粹剥夺了他的住宅与财产之后便举家移民了。然后德国红十字会将这座住宅用作了行政办公楼。战后，建筑位于两德之间的边界地带，属于限制区，被民主德国用作残疾儿童医院和寓所。墙上的木板和开放的壁炉都被拆除，浴室也被改造，镶木地板换成了 PVC 板。2000 年，这座建筑成为一个开发商的总部，只几个月时间，许多当时尚存的原有装饰又被拆除了。瓷砖、油漆和镶木的地板，还有旧的电梯都被拆除[4]，门、门框和墙裙板被改短，以适应新的地毯。此后，建筑有几年闲置时期。再后来，住宅被全面修复，在一侧增加了一个新的入口。现在仍旧是一座住宅。

今日视角

"没有走廊。"[5] 这是维尔纳·布莱泽（Werner Blaser）针对密斯的一个未建成作品的主要特征所发表的评论，这是一座从 1924 年开始设计的砖结构乡村住宅。密斯发表了这个项目的两张草图来阐述一项建筑原则："墙不再具有围合的功能，而只是用来将建筑的有机性组合在一起。"[6] 密斯写下这句话时，他正在从事莫斯勒住宅的设计。虽然这两座建筑的概念是不同的，但莫斯勒住宅的布置确实是没有走廊的。

未建成的砖结构乡村住宅项目的主题是室内外的连接。尽管莫斯勒住宅在布置上不是动态的，墙也有一种围合的特征，但是起居区的特征无疑是由室内外之间的连接形成的。房间通过四个硕大的阳台与室外连接，这些阳台位置各不同，有的部分有顶覆盖，随着一天中的时间推移或主要天气条件的变化，可以产生不同的室外体验。

后来，相对于自己的建成作品，密斯在发表的文章中更倾向于强调他的全部作品中那些"梦想的"但是未建成的砖和混凝土的乡村住宅设计，这使得人们以为莫斯勒的设计"弄错了年代"。[7] 1924 年，当密斯开始设计这座住宅的平面图时，他曾评论道，"我欣赏手工艺之美，但这也无法阻止我认识到，手工艺已经不再是一种经济的产品。……我们无法再继续使用它们了。"[8] 尽管他怀着失望表达了这个预见，没有流露出一点点怀念，但回头看看，莫斯勒住宅似乎是个相反的例证。如今我们知道密斯对于手工品质的下降的预测是正确的，但莫斯勒住宅在施工品质方面却代表了密斯作品中的一个里程碑。

这座住宅确实说明了密斯宣称"将平面的空间印象最大化"的原则，但它从外部看起来是平凡甚至简朴的，使得建筑委员会以为它是一个军营。不过，它那巨大的尺度和极高质量的配件也让人们联想到城堡或庄园。密斯曾在材料和细节上投入了大量的资金。

有一个似乎无关紧要的细节，门的把手在两侧的不同位置，这个配件要求锁芯必须有非常复杂的内部机械，密斯为此精心制作了定制件，解决了这个问题，把手在门的两侧与门框之间的距离是不同的，这非常有特色。在同一时期，路德维希·维特根斯坦（Ludwig Wittgenstein）发明了著名的弯曲门把手，精确地解决了这一设计问题。但密斯投入了大量努力去实现一个表面上完全看不出来的复杂技术方案。

1 6米×9米的准确尺寸来自 1924 年 7 月 23 日发表的专利文件中的平面图。参见波茨坦建设局保护署平面图档案。
2 这是一个用于形容工作草图中的建筑的词语。
3 在这种砌筑法中，顺砖与丁砖交替。也叫哥特式砌法或波兰式砌法，在荷兰叫作弗兰德式砌法。但是密斯把它叫作荷兰式砌法，写道："围墙的勒脚采用荷兰面砖，用荷兰式砌法施工，与住宅的纹理相对应。"（见规划文件）
4 更详细的变更信息记录于: Johannes Cramer and Dorothée Sack（eds.），*Mies van der Rohe: Frühe Bauten - Probleme der Erhaltung, Probleme der Bewertung*，Petersburg 2004, pp. 79-86.
5 Werner Blaser, *Mies van der Rohe*, Zurich 1991, p. 18.
6 密斯·凡·德·罗，1924 年 6 月 19 日起的演讲手稿，出自 Fritz Neumeyer, *The Artless Word - Mies van der Rohe on the Building Art*, Cambridge, Mass., 1991, p. 250.
7 参见 Franz Schulze, *Mies van der Rohe - A Critical Biography*, Chicago, London 1985, p. 121.
8 Ludwig Mies van der Rohe, "Building Art and the Will of the Epoch!"（1924），出自 Fritz Neumeyer: *The Artless Word - Mies van der Rohe on the Building Art*, Cambridge, Mass., 1991, p. 246.

14 城市住宅改造

柏林-夏洛滕堡宫，德国
1924~1926年

在这个城市住宅的改造（Urban House，Conversion）中，密斯将温室转换为住宅中的女士房间。除了嵌入新的滑动门，他还设计了一个玻璃分隔窗，但后来被拆毁。车库上方加建了司机的住所。改造与原有建筑的精神相符，毫无差异。他设计的新窗户模仿了其他的窗户，最小的细节都一样，新的滑动门的细节则带有自己的特征。2010 年，在最近的一次改造中，原有的细节越来越少了。司机住所的原木窗户被塑料窗户代替。[1]

1 关于该建筑的历史更详细的信息参见：Andreas Marx and Paul Weber，"Konventionelle Kontinuität - Mies van der Rohes Baumaßnahmen an Haus Urban 1924-26. Anlass zu einer Neueinschätzung seines konventionellen Werkes"，出自 Johannes Cramer and Dorothée Sack（eds.），*Mies van der Rohe: Frühe Bauten. Probleme der Erhaltung, Probleme der Bewertung*，Petersberg 2004，pp. 163-178.

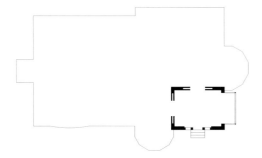

首层平面图
门的细节

15 阿弗里卡尼施大街住宅区

柏林-威丁（Berlin-Wedding），德国
1925~1927年

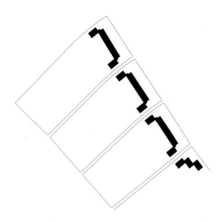

对于密斯早期的某一作品，曾有篇建筑评论这样写道，"现在很少人经过这座住宅会再看它一眼。"[1]这句话同样适用于阿弗里卡尼施大街住宅区（Housing on the Afrikanische Strasse），如今它的一部分已经被树丛遮盖。除了低调的、几乎没有个性特征的密斯式立面，建筑从根本上与当时社会上所有其他住宅区的处理都不同。大多数1920年代的社会住宅被认为是一种统一的建筑与城市集群；然而在这个案例中，建筑是与景观结合在一起的。

住宅项目的规划布局既不符合柏林典型的环绕式建筑布局，也不符合魏玛共和国时期被公认为先进的带状开发模式，而是由三个"U"形的建筑紧扣着后部绿色的庭院，而且从街道明显地后退，为前花园留出足够的空间。植物也是用来限定空间的方法，沿着街道种植着白杨树，它们的间隔与建筑有着相关的节奏：在每个住宅的入口侧面都有一对树。正如弗里茨·诺伊迈尔所评论的，在这里，自然被用作一种"建筑元素"。[2]

在建筑长边的两端是两个较矮的体量，呈转角布置，在行道树之间形成一个通道。两个完全相同的立面相对而立，在它们之间形成一个空场。长条状建筑和附加的尽端建筑通过圆弧形的走廊连在一起。这些走廊像铰链一样连接起两个不同的体量，同时又保持了它们各自的独立性。尽端的建筑就像两种不同建筑模式之间的调和，形成一种过渡，因为该住宅区的旁边就是一些自由矗立的小住宅，位于附近一个公园的边缘。尽端建筑的首层平面尺度非常像密斯早期的佩尔斯住宅，长与宽的比例符合黄金分割比，甚至赭石色粉刷饰面从材料上看也类似他早期的建筑。这是密斯第一次设计大规模建筑综合体，但这些尽端的建筑在许多方面像是独立的建筑——从某些角度看上去会给人这样的印象。

彼此分离的建筑体量像模块一样叠置在一起。在综合体的一端，三个这种模块的组合呈转角状布置。它们在角部互相错开而结合在一起的方式形成了一种犬牙交错的"负角"，这种交错在这里是一种小区的尺度，但后来成为密斯的许多设计细节中的一种特征。

首层平面的布局很传统，但与当时其他设计相比较，有一个值得注意的独特现象：公寓中最大的房间是厨房。其表现形式为，厨房与起居室以及一个凉廊连在一起，向着室外开放。这个概念与当时许多其他综合体很不一样，在包括布鲁诺·陶特（Bruno Taut）设计的平面中，厨房都从属于其他空间。而在阿弗里卡尼施大街住宅中，厨房是公寓的中心，通过将厨房向室外开放，每个公寓变得更加宽敞，形成整个小区的设计特色。

当时建筑在经济上非常紧张，密斯的设计符合了这种需要。在建筑的基座和屋顶处的檐口，绕建筑表面一周砌砖。密斯采用了交叉砌法，体现出柏林特有的纯朴特征，但只用在建筑的基座部位，其他部位墙面粉刷。[3]除此之外，立面的设计全是来自于平面布置的结果，比例由开口决定，于是形成了一个独特的体系。单个的窗户属于浴室，成对的窗户属于卧室，一排三个窗户属于起居室。瘦长竖直的条窗用于楼梯采光，细长水平的条窗用于屋顶空间采光。立面上的窗户布置像一个图表，反映着住宅内部的布置，完全克制了个性化、差异化的表现欲望。

密斯的员工瑟吉厄斯·吕根伯格（Sergius Ruegenberg）曾

基地平面图
尽端建筑

联排住宅
尽端建筑

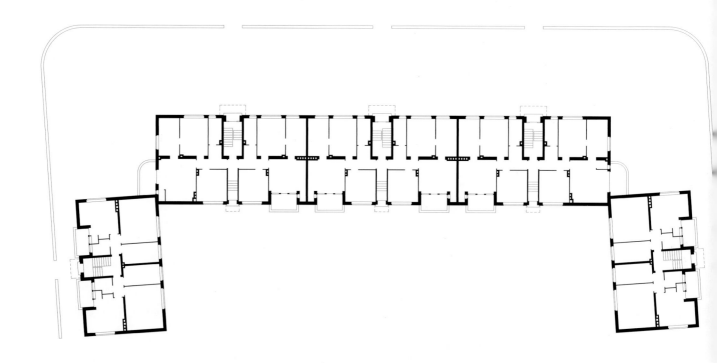

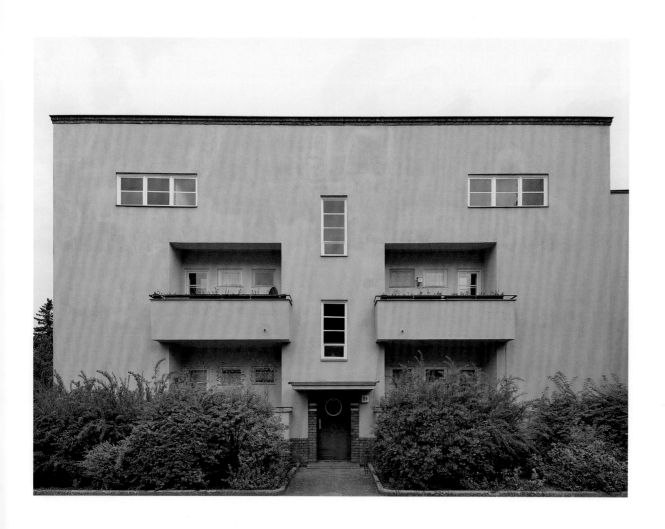

首层平面图
尽端建筑立面

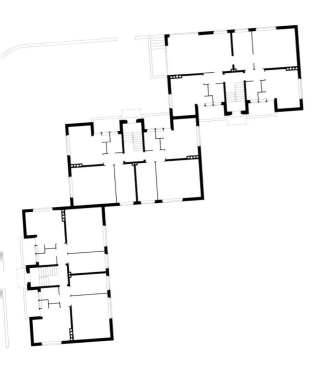

联排住宅立面

起居室与餐厅区域的落地窗
阳台

经这样描述比例的精度:"我刚开始为阿弗里卡尼施大街住宅的一个区块画草图时,密斯对每个细节都感兴趣。这个住宅区会用非常传统的材料建造……我们有砖,我们有木头的窗户和顶棚格栅,能多传统就多传统。唯一真正新的东西是平屋顶。他对这一点特别感兴趣,甚至坐在我旁边与我一起工作,画出木料的细节草图。墙表面的窗户比例也是这样推敲出来的。我们简直是乐此不疲:通过窗户和墙表面的比例,将这些大型住宅区的前立面做得尽善尽美。我铺了一层又一层的描图纸,一微米一微米地修改着线条,将它们加宽,然后缩小,一点一点地互相比较着。"[4]

后续改造

第二次世界大战之后,建筑外墙被简单、粗暴地粉刷过,这种做法在当时非常典型。直到 1998 年,临街立面才又用赫石色仔细粉刷。根据在建筑中找到的老材料,将一个楼梯间恢复为淡红色。原来的窗户和门依然继续使用,很多状态还完好。可惜的是,现代化的改造正逐渐将这些门窗替换掉。

今日视角

在这个建筑群建成的 20 年之后,菲利浦·约翰逊写道:"1925年他为柏林市建造了一组低成本公寓,尽管当时经济紧张,他却用平面和门窗布局实现了一种简洁的、自然端庄的效果。"[5]但在密斯看来,用约翰逊选择的词语——低成本和简洁——来描述自己的作品是不合适的:"请不要混淆了简洁与头脑简单。这是不同的。我喜欢简洁,不过是出于清晰度的原因,而不是便宜或类似其他原因。我们工作的时候并不考虑那些。"[6]

弗朗茨·舒尔茨(Franz Schulze)在 1980 年代中期将这个综合体描述为"简洁功能的存在主义建筑的典型"[7]。雷纳·班汉姆(Reyner Banham)、朱利叶斯·波泽纳(Julius Posener)和弗里茨·诺伊迈尔曾经提出,这个项目的质量在当时的其他住宅中鹤立鸡群。

回顾以往,我们可以看到,这个项目标志着密斯全部作品中的一个转折。他自己也曾经说过,1926 年对他来说是关键的一年:"我想说,1926 年是最有意义的一年。……这是意识得以大规模实现的一年。"[8]但是这种从"传统"建筑向着"彻底现代化"的建筑之转变并不是像表面上那样突然发生的。这个住宅区的立面,以及精确切入的木窗,也是对称布置的,与他设计的立方体别墅是一样的。别墅中的住宅与花园形成一个整体,而对于这个住宅区来说,立面上也锚固了让攀缘植物生长的构件。

1 彼得·布莱克(Peter Blake)对佩尔斯住宅的描述,出自 *The Master Builders: Le Corbusier, Mies van der Rohe, Frank Lloyd Wright*, New York 1960, p. 176.

2 Fritz Neumeyer, "Schinkel im Zeilenbau - Mies van der Rohes Siedlung an der Afrikanischen Straße in Berlin-Wedding", 出 自 Andreas Beyer, Vittorio Lampugnani, Gunter Schweikhart(eds.), *Hülle und Fülle - Festschrift fürTilmann Buddensieg*, Alfter 1993, p. 420.

3 密斯第二次使用这种砌筑法是在克雷菲尔德的费尔塞达工厂。

4 瑟吉厄斯·吕根伯格与京特·屈内(Günther Kühne)1986 年 2 月 28 日的对话,出自: *Bauwelt*, Vol. 11, 1986, pp. 348-349.

5 Philip Johnson, *Mies van der Rohe*, New York 1947, p. 35.

6 路德维希·密斯·凡·德·罗于 1964 年与乌尔里希·康拉德的对话,录制于一张胶片: Bauwelt-Schallplatte "Mies in Berlin", Bauwelt, Berlin 1966.

7 Franz Schulze, Edward Windhorst, *Mies van der Rohe - A Critical Biography - New and Revised Edition*, Chicago, London 2012, p. 83.

8 Ludwig Mies van der Rohe in: Moisés Puente(ed.), *Conversations with Mies van der Rohe*, Barcelona 2006, p. 20.

16 沃尔夫住宅

古本（Guben），波兰
1925~1927年
已毁

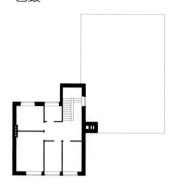

沃尔夫住宅（Wolf House）高高地坐落于城市之上，有着全景式的景观，大面积的生活空间——音乐室、绘画室和餐厅——角对角互相连接在一起。从东边一进入住宅就开始了对角的移动，因为入口大门也位于前厅的一角。与肯普纳住宅一样，入口布置于一侧，但是，在沃尔夫住宅中，人们不是通过一个线形的前进路线在房间中移动，而是随着一个动态的道路通过住宅，不断地变换着方向。

住宅的位置与街道有一段距离，住宅北部有一条长长的通路与街道相接。建筑的南边是一个阳台，提供了俯瞰城市广阔景象的场所。沃尔夫住宅的立面与肯普纳住宅一样，也是用荷兰式砌筑法，用砖砌成，但是这里的窗户过梁在砖砌体中不是连续的。室外的踏步和阳台用砖铺地，延伸到花园中的围墙也是用砖砌筑。可上人的屋顶阳台同样也铺着砖，建筑的材料特性赋予了建筑一种雕塑般的横平竖直感。住宅在战争中遭到破坏，残垣断壁已被拆除。现在留下来的只有一道花园墙。[1]

1 Leo Schmidt（ed.），*The Wolf House Project. Traces*，*Spuren*，*Slady*，Cottbus 2001.

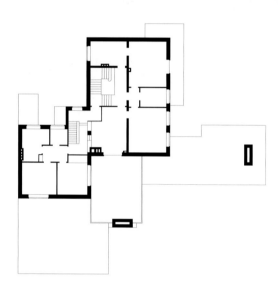

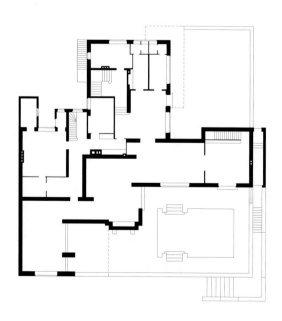

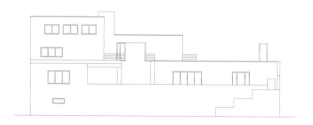

三层平面图
二层平面图
首层平面图　　　　　立面图

17　李卜克内西和卢森堡纪念碑

柏林-利希滕贝格（Berlin-Lichtenberg），德国
1926年
已毁

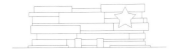

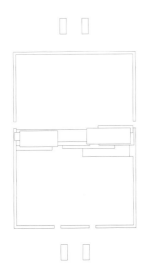

1919年被杀害的卡尔·李卜克内西（Karl Liebknecht）、罗莎·卢森堡（Rosa Luxemburg）和其他社会主义者葬于柏林的弗雷德里希尔德公墓，密斯为他们设计了一座纪念碑。李卜克内西和卢森堡纪念碑（Monument to Karl Liebknecht and Rosa Luxemburg）既是一个实体，又是一个空间。在一圈矮墙围绕的中心，矗立着纪念碑碑体。密斯后来曾描述过他是如何偶然地在爱德华·福克斯（Eduard Fuchs）的设计之后获得委托的："他设计了一个精心制作的石头纪念碑，上面带有多立克柱以及卢森堡和李卜克内西的浮雕。我看见这个设计笑了起来，告诉他如果对于一个银行家来说，这会是一个很好的纪念碑。……我告诉他，对于在这个空间中做什么，我一点想法也没有，但是这些人大多数是在一道墙的前面被射杀，我要建造的就是砖墙。"[1]

纪念碑采用了不规则的砖砌体覆盖——这在密斯的全部作品中是独一无二的——矗立的砖墙围绕着每一个立方体块。为了支撑这些悬臂的体块，需要在砖砌体后隐藏一个结构支撑。纪念碑在1935年被拆毁。很长一段时间里，纪念碑背面是什么样子一直不为人知。从一张2006年发表的照片中可以看出，背面与正面遵循着同样的原则。[2]

1　密斯给唐纳德·德鲁·埃格伯特（Donald Drew Egbert）的信，出自 *Social Radicalism and the Arts - Western Europe*，New York 1970, p. 661-662.
2　*Mies Haus Magazin. Periodikum zur Kultur der Moderne 2*，2006, p. 40.

立面图
顶视图

18 魏森霍夫住宅区

斯图加特，德国
1926~1927年

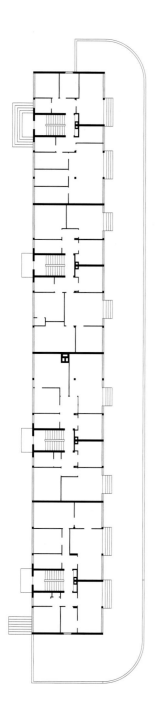

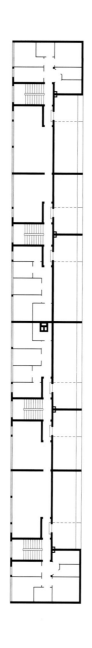

密斯在担任德意志制造联盟副主席职位时，被委任设计一个示范住宅区。魏森霍夫住宅区（Weissenhofsiedlung Apartment Block）由不同的建筑师设计，并由他们完成室内布置，作为一个公共展览的一部分。除了开发住宅区的城市概念，密斯还设计了其中最大规模的建筑，包括两座公寓及其室内布置。他甚至能决定由哪位建筑师来设计这些住宅，并邀请"现代运动的主要代表"[1]来传达住宅区的示范特征。

"它有点像一座中世纪城镇，"[2]密斯这样评论，并展示了一种原创版本的概念模型，它不像一个总平面图，更像一个结构原则，就像李卜克内西和卢森堡纪念碑，由突出和收缩的立方体形式的自由排列来定义。密斯设计了一组雕塑群般的建筑体块，遵循着基地的轮廓，沿着山边的弧线形成了一个阶地状建筑群，其脊柱是他自己设计的住宅区块。这是一个近乎南北向的建筑长条。建筑布置于一个台基之上，互相连贯，像地形中的一个台阶，用作公寓的阳台。屋顶也用作一个阳台。彼得·贝伦斯也对该项目有所贡献，他在他的"阶地出租住宅"中研究了同样的主题。

这个项目证明，即使不对参与者强加规则，也有可能达到一定程度的统一。密斯解释道："为了让每个人尽可能自由地执行他的想法，我已经克制着不去指定一个严格的程序。在绘制总平面图时，我感觉重要的是尽可能避免干涉自由表达的规则。"[3]但是他确实要求每个建筑师接受一个原则："刷成白色。"[4]

与他早期的独立建筑一样，密斯给他的公寓建筑设计了一个"公共的"前立面朝向街道，以及一个"私密的"立面对着花园。入口一面呈现出一种封闭而朴素的面貌，向后的一面迎着景观开放。魏森霍夫的中央公寓建筑位于一个小山顶上，尽享俯瞰景观的全景图，就像在一个高塔上。密斯自己设计的建筑既与整体相呼应，又展现出自己的风格——与之前在柏林设计的阿弗里卡尼施大街住宅一样——它是一种理想的几何体建筑。这里的窗户也布置得几乎与建筑外表面齐平。这样一来，由于缺乏由窗户边框提供的厚度，墙看起来像隔膜一样蒙在前表面上，而不像是厚重的墙。这强调了建筑的体积特征，与周围的建筑和地形融合在一起，令人感觉是一个相互关联的整体。

魏森霍夫住宅区这种风格上统一的印象使得菲利浦·约翰逊后来创造出一个词"国际式"。他写道，国际式的基本特征是"骨架结构的整齐取代了轴线对称，成为秩序的力量"。[5]但在密斯的公寓建筑中，这个定义并不适用。它确实有一套框架结构，但轴线空间是规则的：结构系统有节奏地布置，立面也对称地布置。一排排窗户让人回忆起带形窗的工业化特征，但是更靠近些观察，则看得出这些窗户在间隔上作了有节奏的细分，虽然不是很显眼。建筑"古典的"转角节点只在屋顶的后退顶层上显现出来。承重结构仍然是隐蔽的。

住宅区的建筑都是钢结构的，有着石质填充墙。框架结构使平面布置更加灵活，由不同的建筑师设计。在他自己的公寓设计中，密斯展示了一种可变轻质隔断体系，表面覆盖着高品质的檀木板，像一面独立的木板矗立在房间中。密斯这样描述他的设计概念：

"如你所知，我在这个公寓住宅中有意地尝试了最多变的平面。目前，我只是在建造外墙和分户墙，每套公寓内部只有两个支柱支撑着屋顶。其他所有空间尽可能自由。如果我能够设法得到一些便宜的胶合板隔断，我会将厨房和浴室作为固定的空间，让公寓其

首层平面图
上层平面图

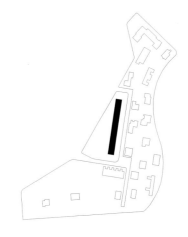

基地平面图
东立面

他部分成为可变的空间。因此，空间可以根据每个租户的需要进行分隔。这样的好处是，有可能重新布置公寓，无论何时，即使家庭条件发生了变化，也不用花很多钱来改造。任何木匠，或任何有点动手能力的外行人，都能移动墙。"[6]

他描述的自由平面的原则并不算新颖，在当时已经广泛应用于住宅中。其他的建筑师也在传播这种原则，例如勒·柯布西耶，他也在魏森霍夫住宅区中设计了两个住宅。几年之前，在密斯第一次发表的论文中，他曾呼吁建筑与空间划分在结构上分离。"在首层平面中唯一的固定点是楼梯和电梯，"他写道。"首层平面中所有其他隔断都根据相应的需要调整。"[7]鉴于他后来作品的发展，这第一篇论文仿佛是一种宣言。在依靠自身的能力工作了 20 年后，他终于在自己为魏森霍夫住宅区所做的公寓设计中实现了这种建筑分区与结构的分离。

后续改造

战争期间，建筑被改造为儿童医院。在这个过程中，原来的平面布置改变了，与房间等高的门也不见了。从 1984 年到 1986 年，建筑进行了全面修复，但这次修复也对建筑有所改变。在立面上覆盖了聚苯乙烯隔热泡沫以符合热工规范，这将窗框的深度从 13 厘米增大到 17.5 厘米。原来的木头双层窗格被改为双层隔热玻璃，原来的油毡地板被换成了 PVC 地板。其中一个样板公寓被改造，但没有重新采用可拆卸的隔墙系统。[8]

今日视角

魏森霍夫住宅区展览吸引了数十万的参观者，这是德意志制造联盟的成功，它不仅是一个新的建筑开发事件，而且是一种新运动的示威。但是由于新建筑的定义打破了建筑的传统方法，住宅区也被认为是一种挑衅。这在今天仍能从那些政治家命令平屋顶改为坡屋顶的例子中看到。作为一个大规模媒体事件，魏森霍夫住宅区的建筑无疑是有影响力的。

在密斯后来的作品中，自由平面的实现是很重要的。但是回顾此时，将承重墙与非承重墙相区别所带来的建筑潜力在这里只是略为涉及。承重的钢结构藏在立面板之中。结构框架的钢截面结合在墙的结构中，埋在灰泥的表层之下，灰泥后来成为了破坏结构的原因；但这种结构确实使大的玻璃表面成为可能，还有密斯在他早期的建筑作品中从没有如此清晰地展现出的现代化表现力。对于密斯来说，这个建筑得到媒体的广泛关注，是一个现象，对他的职业生涯产生了实质性的影响。

由于缺乏维护和修复，这座建筑如今即将成为废墟。然而，断言它是追求最基本的居住需求的功能主义建筑的典型例子，并不恰当，它是被非常有意识地作为一个原型而建造的。它与当时大多数激进的现代建筑并不一

东立面
楼梯间窗户
楼梯栏杆

样，那些建筑的前卫以打破建筑传统为前提。密斯的公寓的建筑品质是他 20 年来无论在什么条件下都要建造优质建筑的结果——在它们的材料使用、结构坚实和细节完美方面都要优质。

1　Ludwig Mies van der Rohe in: Deutscher Werkbund (ed.), *Bau und Wohnung*，Stuttgart 1927.

2　路德维希·密斯·凡·德·罗与亨利·托马斯·卡德伯里 – 布朗（Henry Thomas Cadbury-Brown）的 谈 话，出 自：*Architectural Association Journal*，July/Aug. 1959，p. 31.

3　参见注释 1.

4　参见注释 2.

5　Philip Johnson, *Mies van der Rohe*，New York 1947, p. 43.

6　路 德 维 希·密 斯·凡·德·罗 1927 年 1 月 6 日 给 埃 尔纳·迈 尔（Erna Meyer）的 信，出 自 Karin Kirsch, *The Weißenhofsiedlung*，New York 1989, p. 47, 48.

7　路德维希·密斯·凡·德·罗，出自：*Frühlicht*，No. 4，1922，p. 124. 英译文出自：Fritz Neumeyer, *The Artless Word - Mies van der Rohe on the Building Art*，Cambridge，Mass. 1991，p. 240.

8　参 见 Hermann Nägele, *Die Restaurierung der Weißenhofsiedlung 1981-87*，Stuttgart 1992.

一套公寓的平面图
西立面

19 玻璃房

斯图加特，德国
1927年
已毁

尽管玻璃房（Glass Room）是在一个展览的背景下作为一个装置而建造，但也可以把它看作居住空间的宣言。[1] 密斯采用家具来证明，住宅之中，不同的居住空间可以互相转换，是一种简单的流动空间连续体。人们从一个前厅进入起居区域，这个区域以几把扶手椅和一个沙发桌为标志，随后是一个用餐桌标示的餐厅和用课桌标示的工作室。

动态的空间组合通过在房间中穿行而得到最好的理解。当进入一个新的区域，人的视线会被旁边能从玻璃后面看到的更深远的空间所吸引。视线也向着两个"室外空间"开放，一个细长的绿植空间和一个放置着维尔哈姆·伦布鲁克（Wilhelm Lehmbruck）的雕塑的庭院空间。参观者被一条"S"形的道路引导，绕着与房间等高的玻璃板穿行。

黑色、白色和红色的油毡地板材料反映着不同的区域。地板统一的组合覆面延续到旁边的方形厅，其中展示着德国油毡工厂的产品。广场中有两个大厅，由密斯和莉莉·赖希（Lilly Reich）设计室内空间，如今已经毁坏——大厅用于艺术家威利·包梅斯特（Willi Baumeister）的油画展览。

玻璃房是密斯自己首创精神的一个结果：展览开始前的三个月，密斯将这个理念诉诸于德国玻璃生产商协会，他们同意作为展览的赞助商。该装置在工艺联盟展览之后被拆除。

1　在展览的目录中，玻璃房被叫作"起居室"。又见 Karin Kirsch, *Die Weißenhofsiedlung*, Stuttgart 1987, p.36.

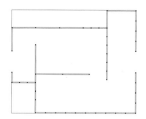

平面图

20 天鹅绒与丝绸咖啡馆

柏林，德国
1927年
已毁

在柏林的广播铁塔举办的"妇女时尚"时装展上，密斯与莉莉·赖希一起设计了一个临时装置——天鹅绒与丝绸咖啡馆 [Samt und Seide Café（Velvet and Silk Café）]。在一个长厅的尽端，彩色的织物悬挂在弯曲的金属管上："黑色的、橙色的和红色的天鹅绒；金色的、银色的、黑色的和柠檬黄色的丝绸。"[1] 与玻璃房一样，这个装置展示了将会广为人知的"流动空间"（flowing space）的空间原则，其中不同的空间区域在它们的角部互相贯通，与玻璃房的互相垂直形成对比，通过曲线的形式格外强调了织物的特征。

改造的地板平面，让人回忆起抽象的风格主义作品，展示出悬挂着的墙结构，密斯设计的椅子和桌子摆在这些墙之间。织物丰富的品质通过油毡地板的浅色得到了烘托。

1 Philip Johnson，Mies van der Rohe，New York 1947，p. 43。这个项目后来也被布置在荷兰，关于它更详细的描述可见：Christiane Lange，*Ludwig Mies van der Rohe - Architektur für die Seidenindustrie*，Berlin 2011，p.71—82.

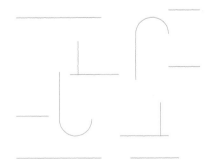

平面图

21 福克斯画廊，佩尔斯住宅的加建

柏林-策伦多夫社区（Berlin-Zehlendorf），德国
1927~1928年

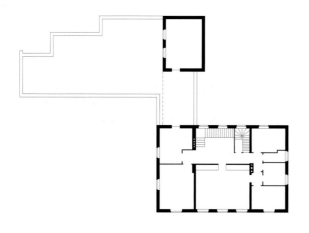

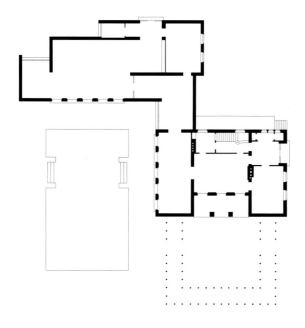

福克斯画廊（Fuchs Gallery）是佩尔斯住宅的加建（Addition to the Perls House）。爱德华·福克斯是一位学者兼艺术收藏家，他后来成为了密斯设计的这第二座住宅的主人，并要求加建一些空间来容纳他的收藏品。加建的第一个房间是一个"L"形的图书馆，通过音乐室可以到达，另有两个展览空间，其中一个对应着主宅中的书房。[1]原建筑中的一排五个落地窗，配有设计于1911至1912年的檐口，也镜像般放在加建的建筑中。

在首层平面中，"我放弃了通常的封闭房间的概念，争取了一种序列空间效果，而不是一排单独的房间。"[2]密斯这段话虽然指的是一个未完成的砖结构乡村住宅项目，但用于描述福克斯画廊也是合适的。与斯图加特展览会中的玻璃房一样，参观者沿着一条"S"形的道路通过空间，空间之间互相流动。除了与早期的佩尔斯住宅在概念上的对比，新建筑也面向现有的花园。中央画廊空间直接向下沉式花园庭院开放，密斯已经用这座花园建立起一种室内外联系。建筑形式语言的连续性，如同从两个立面的外表统一性上所表现出来的，强化了建筑创造出来的空间限定感。通过运用两个相似的立面来限定空间——无论是阿弗里卡尼施大街住宅项目中那样互相面对，还是这里的"L"形组群——室外空间变成建筑的一部分。

加建部分有一个可上人的平屋顶，其上呈正交方向布置着更多的建筑构件。屋顶阳台和凉亭只能通过主宅到达。凉亭通过一个轻微拱形的水平板与住宅连接，创造出完美水平线的视觉效果。[3]人可以从屋顶阳台俯瞰花园，也可以俯瞰隔壁的沃纳住宅"L"形的综合体，那也是建筑的一个侧翼伸进花园中的形态。

后续改造

在纳粹时期，建筑曾经被改造得难以辨认：加了更多房间，嵌入了新的窗户，室内完全重新布置。后来，修复了原来的外观。但是，新旧部分连接处的玻璃墙设计是大概估计的，因为既没有平面图的档案，又没有历史照片。[4]室内的布置根据学校的需要进行了修改，建筑现在与一座新建筑连在一起。由粗砺石材建造的下沉庭院区域，与沃纳住宅的花园的设计相同，可能仍然原封不动地埋没在草丛下面。

今日视角

当被问及哪一年对于现代主义的发展尤为关键时，密斯回答："我会说1926年是最有意义的一年。回顾起来，这似乎不是一个时间感觉上的年份。它是伟大的意识实现的一年。"[5]密斯所指的这个根本转变反映在他这一时期的建成作品中。在此之前，他的建筑呈现出的更多是前卫的、现代的特征，与几年前其他建筑师采用的特征类似。如果比较一下建成于1926年的莫斯勒住宅与设计于1927年的朗格与埃斯特尔别墅，会发现一种风格上的彻底转向。福克斯画廊正是在这个转型期内建成的，因此在这座建筑中新旧元素同时并存。

然而，如果我们从空间结构的角度思考密斯的作品，而不是风格表达的角度，这种转向并不是非常突然。福克斯画廊预示了密斯后来作品的元素，与此同时，它仍然包含许多他早期作品的成分。似乎希望强调作品的连续性，密斯在这座建筑中重新使用了一个他

二层平面图
首层平面图

16 年前设计的母题，并创造出一个会成为未来构形成分的 L 形空间。

1　标注日期为 1928 年 5 月 10 日的执行设计的最初平面图可以从"赫曼大街 14-16 号"（Hermannstraße 14-16）的建筑档案中获得，收于住宅建筑控制署。原有建筑的照片几乎无存。

2　密斯·凡·德·罗 1924 年 6 月 19 日以来的手稿，出自：Fritz Neumeyer, *The Artless Word-Mies van der Rohe on the Building Art*, Cambridge, Mass., 1991, p. 250. 密斯对自己的一座未建成砖结构乡村住宅的描述。

3　Jörn Köppler, "Natur und Poetik in Mies van der Rohes Berliner Werken", 出自：Christophe Girot (ed.), *Mies als Gärtner*, Zurich 2011, p. 33.

4　迪特里希·凡·伯尔韦茨（Dietrich von Beulwitz），更新了建筑，收集了所有他能找到的记录原来建筑情况的文件（目前仍归他所有）。关于更新的更多信息参见：Dietrich von Beulwitz, "The Perls House by Ludwig Mies van der Rohe", *Architectural Design*, Vol. 11-12, 1983.

5　路德维希·密斯·凡·德·罗出自 Moisés Puente (ed.), *Conversations with Mies van der Rohe*, Barcelona 2006, p. 20 (first published in: *Interbuild*, June 1959).

从花园看建筑
扩建部分
看向花园的视角

扩建部分的立面

22　朗格别墅与埃斯特尔别墅

克雷菲尔德（Krefeld），德国
1927~1930年

朗格别墅与埃斯特尔别墅（Lange and Esters Houses）比邻而建，两个业主都是费尔赛达丝织工厂的董事，它们与周围的建筑有着显著的不同。尽管表面也覆盖着砖——砖是该地区最流行的建筑材料——但两座别墅的平屋顶和"L"形布局让它们有了一种立方体雕塑的形象。既没有悬挑的屋檐，也没有突出的窗台，加强了几何纯净的感觉。

如果绕着建筑走动，会发现它们的外表充满着变化。从花园里能看到阶梯状布置的大窗户和阳台。一些窗玻璃直落到地面。建筑的交错布置模糊了室内外的划分，视线可以通过斜对角线从室外穿过室内，再到另一边的室外。利用过渡区创造出一种环环相扣的空间的感觉。例如，屋顶上的阳台安装了窗户，成为了室外的"房间"。[1]建筑邻街的一面呈现一种封闭的、块状的前立面，花园一侧的背面则呈现出相反的形象：建筑和阳台与景观穿插在一起。

连续参观两座建筑时，能很明显地看出它们是一起设计的。不仅有着同样的结构方法和细部，而且有着同样的空间布局原则，只有略微的不同。两座住宅的中心都是一个狭长的门厅，通向各种不同的房间。在西边的朗格别墅中，门厅的尽头是一个半圆拱殿，里面放着一架管风琴，可以用窗帘与主空间分隔开。在两座住宅中，主人的房间都位于西部，在门厅与屋顶阳台之间都带有类似的"L"形餐厅。这些房间都直接向着室外空间开放。一套套的卧室也是如此，每个卧室都带有浴室，位于第二层。

虽然两座住宅是砖砌建筑，但是长长的水平窗带暗示出更多的现代结构技术：无数隐藏的钢构件埋在墙中，一起构成一个复杂的钢结构。尽管用英国博克霍恩砌法砌筑的砖表皮呈现出坚固的石墙形象，尤其是伸到花园中的墙板，但它们实际上只是一种表面铺砌。精致的砌砖仅仅是一层皮，承重墙是用标准砖以不同的砌筑法砌筑的。[2]比起用于早先的肯普纳住宅、莫斯勒住宅和沃尔夫住宅的荷兰砌法，选择这种英式砌法给了表皮一种更抽象的处理，窗过梁和盖梁没有互相贯通。墙面覆盖着一条窄金属片，窗户开口就像直接从墙表面切出来的。

菲利浦·约翰逊曾这样评论密斯对砖砌体的运用："对他的赞誉将他引向了非同寻常的方法：为了保证转角和孔洞处的均匀连结，他用砖长计量了所有的尺度，不经意间探索得更加深入，甚至将烧制不充分的长砖与烧制过火的短砖分别对待，一皮用长砖，另一皮用短砖。"[3]在一定光线条件下可以看到条状的砖砌体表面，这进一步强调了建筑的水平感。

尽管两座住宅都是用砖砌筑的，它们的大水平窗更容易让人想起未建成的"混凝土乡村住宅"项目，密斯曾在1923年设计了这样的住宅来说明混凝土的特殊潜力。他主张在混凝土墙上，即他描述的"皮肤"上，才有可能自由地按需布置窗户："我在需要景观或照明的地方，在墙上切出开口。"[4]这两座位于克雷菲尔德的住宅的主人亦是艺术收藏家，建筑的窗户给周围的景色做了相框，与室内挂着的油画相得益彰。

后续改造

两座建筑现在都是一个艺术画廊的一部分，因此它们的内部都被简化了。无数建筑装置和配件被移走，包括门、固定的陈列

埃斯特尔别墅侧面入口

埃斯特尔别墅沿街立面
埃斯特尔别墅侧面庭院

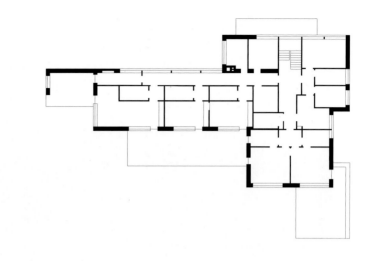

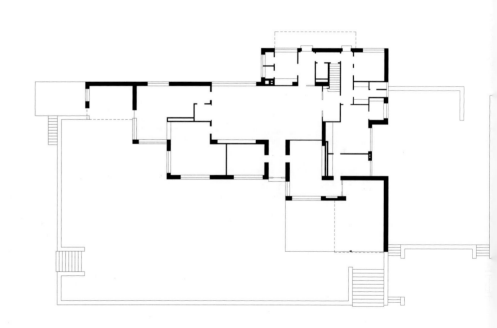

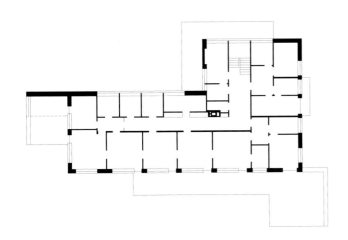

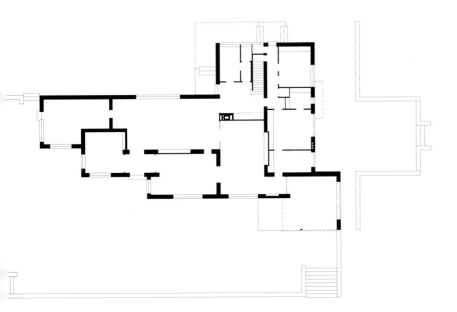

二层平面图
首层平面图

柜、木板做的隔墙、曾经作为房间分隔的橱柜、窗帘、密斯设计的顶灯以及从墙面凸出用于雕塑壁架的洞石板。结果，室内的空间与以前相比不仅显得更加纯粹了，而且更加开放和流动了。朗格别墅中放置管风琴的壁龛被封住了，房间自从1961年就保持这样的状态，当时伊夫·克莱因（Yves Klein）将整个房间刷成白色并宣布这是一个艺术作品。这个"虚空间"（void space）在2009年被还原。在外部，通向埃斯特尔别墅入口的楼梯改变了，延长了一段挡土墙。[5]

今日视角

在一段时间之后，密斯表示他原本打算在这两座住宅中采用更多玻璃，就像同时期的巴塞罗那德国馆和吐根哈特住宅那样，这使得人们认为这两座建筑一定程度上在他的全部作品中是过时而折中的。但是回想一下，它们揭示了当时密斯工作中的思想张力。一方面，他力求为每一种建筑材料找到一种特别的构造表现力和触觉的敏感性，另一方面，他的兴趣在于开放平面的前卫空间概念以及从它们当中提取抽象概念的驱动力。

这两座建筑中，虽然房间仍是传统分隔的实体，每一个房间都用门隔开，只是部分表现出了平面的自由布置，但密斯还是能够用对角线视线轴创造出一种开放的感觉，多叶玻璃门和窗的大开口只能通过大量使用钢构件来实现。建筑体量那清晰而立体的纯净性消解了这种张力，而白色粉刷的室内进一步让它变成了一个展览艺术作品的场所。

1　在两个室外区域之间采用窗户的原则也见于密斯早期的作品里尔住宅、乌比希住宅和肯普纳住宅。
2　施工图确定了每一块面砖的准确位置，承重墙用交叉砌合法砌筑。参见 Kent Kleinmann, Leslie Van Duzer, *Mies van der Rohe - The Krefeld Villas*, New York 2005, p. 69.
3　Philip Johnson, *Mies van der Rohe*, Stuttgart 1957, S. 35. (New York 1947, p. 35).
4　Ludwig Mies van der Rohe, "Building" (1923), in Fritz Neumeyer, *The Artless Word - Mies van der Rohe on the Building Art*, Cambridge, Mass. 1991, p. 243.
5　关于建筑更新的更多信息，见: Klaus Reymann, Patrick Hoefer, "Eine behutsame Erneuerung - Restaurierung von Haus Lange und Haus Esters", in: *Das Architekten-Magazin*, Vol. 1, 2001, pp. 28-33.

从花园看朗格别墅
朗格别墅阳台

　　　　　　　　　　　　　　　　　　　　朗格别墅西立面

从花园看朗格别墅
朗格别墅侧面庭院

23 巴塞罗那德国馆

国际博览会，巴塞罗那，西班牙
1928~1929年
重建

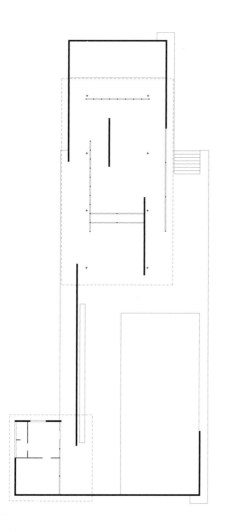

"这是我接过的最难的任务，因为我就是自己的业主，"密斯说。"我想怎么做就可以怎么做。"[1]这是来自德国政府的任务，为巴塞罗那的国际博览会设计德国馆（Barcelona Pavilion），没有计划，也没有展出的展品。官方的要求仅是一座代表国家的建筑，这使得当时的一位评论家将它描述为"作为纯艺术的建筑"。[2]密斯甚至可以提议建筑应该坐落在什么位置：一个长广场的尽头。

一系列分散的墙板和两个水池从一个洞石做成的平台上升起，形成一个互相流动的空间序列。室内外空间互相交织在一个综合体中，其中的墙构成空间，但不再围合空间。不想做成"一排单独的房间，"密斯写道，"我追求的是一系列空间效果。"[3]小一些的、更封闭的水池与黑色的玻璃结合在一起反射着乔治·克尔伯（Georg Kolbe）的名为《黎明》的雕塑，而大水池与小水池形成了对比，"其中的水看起来是浅绿色的"[4]，明亮而开放。

墙用豪华材料造成，包括罗马洞石、绿色抛光提尼安大理石和来自法国阿尔卑斯山的古绿石。室内空间的中央是一面由蜜黄色摩洛哥缟玛瑙做成的墙板。而玻璃墙则几乎用遍了各类玻璃：除了透明玻璃，还采用了绿色和灰色的玻璃、毛玻璃以及用作桌面的黑色不透明玻璃。密斯专门设计了巴塞罗那椅和脚凳，它们有着镀铬的钢框架和白色光泽的皮革，作为室内装饰，立于黑色的天鹅绒地毯之上。

密斯曾经在他父亲的石匠工厂学习过如何鉴别大理石。别人提议的精选德国石材在他的眼中还不够"高贵"[5]，于是他亲自去汉堡的石料加工厂寻找样本，在那里，他发现了一块称心如意的缟玛瑙。"'听着，让我看看这块，'他们立即喊道：'不，不，不，不能那样做，看在上帝的份上你不许碰那块宝贝。'但是我说：'只要给我一个锤子，行吧，我会让你们见识以前我们在家里是怎么做的。'他们那么不情愿地拿来一把锤子，好奇我是不是想要凿下一个角。然而并不是，我在正中敲了那块石头一下，就敲下像我手掌那么大的一片薄片。'现在立刻把它抛光，让我看看。'于是我们就决定用缟玛瑙。"[6]

玛瑙墙像一块自由树立的板放置在巴塞罗那馆中。"一天晚上我为这个建筑工作到很晚，我画了一面自由矗立着的墙的草图，然后被惊呆了。我知道一个新的原则诞生了。"[7]这个原则成为建筑概念的中心主题，在巴塞罗那馆中具体体现出来。当沿着台阶拾级而上到达平台，参观者被引导着经过一个U形转弯，绕着一面玻璃墙进入巴塞罗那馆的室内。自由树立的墙的原则在设计过程中起到了作用。在密斯工作室中工作的瑟吉厄斯·吕根伯格曾经描述过他们是如何用一个模型推进设计的，这种方法对密斯来说非常典型。他后来位于芝加哥的工作室就像一个巨大的模型车间。

"我用橡皮泥做了一个1：50比例的基座。……然后插上几片墙那么高的卡片，墙大约是3米（模型上是6厘米），然后在它们之上粘上彩色日本和纸。……我们还需要玻璃片，我从一个玻璃工人那里要到了一些。……现在我们可以开始玩吧：由于基座是软的，墙是可以立得住的。……我们前后移动着墙，用一个'发光墙'来检测房间的照明。一旦确定了墙和房间的位置，就放一片硬纸板在顶上当作顶棚。……我们不断移动硬纸板屋顶来试验柱子的位置。我还有一块浅绿色的硬纸板用来当作水池，还有一块黑色的板当作小水池。"[8]

平面图
从南侧看建筑

室内区域

屋顶由八根均匀分布的柱子支撑，柱子位于墙体的一侧。柱子与屋顶板一起形成了一个结构单元，呈现出一种独立于非承重隔断墙之外的分离的建筑元素。密斯采用了不同的表现方法来强调两个元素之间的对比：柱子与屋顶那对称的规律性和稳定的静止性强调了结构的清晰度，墙体形成一种迷宫一样的空间组合，让参观者们在展馆中曲折前行。通过给柱子做反光表面处理模糊掉了它们的存在，使它们与周围的环境融为一体，墙体则覆盖着极其豪华的材料，强调着它们的存在感，并决定了它们周围空间的特征。

外观极具工业感的柱子既没有柱基也没有柱帽，从地面直接升到顶板，屋顶板看起来就像同质的板直接放在了墙上。然而，整座建筑是钢结构的，但覆盖着不同的材料。甚至屋顶——曾经在一篇关于该馆的早期文章中被错误地描述为"整体的白色板"[9]——也是空心钢结构的。"在建造中，为了实现必要的悬挑，在入口附近的一个转角又铆接了一层金属，"吕根伯格描述道。"密斯根本不喜欢这样，但是最后屋顶的钢结构以整体的形象呈现出来，形成一整块 24 厘米厚的板（比如混凝土板）的印象。"[10]

屋顶板是连贯的，就像一个没有梁支撑着的平面，这是自由平面原则的直接结果。勒·柯布西耶以前在运用到混凝土自由平面的概念中阐述过同样的原则。柯林·罗（Colin Rowe）将背后的原因归结为："实际上，梁的形象只会倾向于限定隔断的固定位置；而且，由于这些固定位置与柱子在一条线上，便成了非如此不可，如果想要有说服力地主张柱子和隔断的独立性，那么板的下面应该表现为一个完全连续的水平表面。"[11]

柱子的经典结构通常是将柱身、柱顶和过梁作为一个构造单元，但在巴塞罗那馆中，梁却隐藏于顶棚中。然而十字形的柱子并非完全摒弃了"古典的"特征：它那有棱有角的纵剖面让人联想起古代柱子的凹槽。巴塞罗那馆的柱子由一个标准截面组合体做成。四个有着平均尺寸的圆边角截面与四个对称裁切掉横划的"T"形截面焊在一起形成截面的形状。周围再包裹一层镀铬金属片，形成柱子最终的形状，但从外观看不出截面是如何拼在一起的。可以把这种覆层想象成一张皮，密斯的确把框架结构建筑叫作"皮与骨的建筑"。

后续改造

国际博览会之后，巴塞罗那德国馆便被拆除。尽管原本打算在另一个地点重建，但后来一些个别的构件丢失了。多年之后的 1986 年，建筑师伊格纳西·德·索拉 – 莫拉莱斯（Ignasi de Solà-Morales）、克里斯蒂安·奇里齐（Cristian Cirici）和费尔南多·拉莫斯（Fernando Ramos）重建了这座建筑，但不是在完全同样的地点。与最初的建筑不同的是，新建的屋顶板由钢筋混凝土制成。玻璃墙的颜色在文献中描述为鼠灰色和深绿色，历史照片里的建筑似乎比新建筑更接近这些颜色。在新建筑的室内还挂了一面红色窗帘，这在原来的照片里并未出现过。原来的蜜黄色玛瑙墙在现代重建中的替代品颜色偏红，大理石的纹理在一半高度处沿一条水平线形成镜像。在原来的墙上也有一条水平连接——按密斯的描述，空间的高度正好叠放两块玛瑙石——但原来的石头并没有镜像的花纹。

今日视角

尽管重建建筑的特殊细部与原来的不同，但它仍然为我们提供了深刻理解密斯建筑的机会。罗宾·埃文斯（Robin Evans）在他自己关于建筑的幻灯片里发现了一个水平镜像轴的现象——这是玛瑙墙的现代版所产生的——他表示这让它难于分辨哪是上哪是下："注意看，分辨洞石地板与石膏顶棚是很难的，虽然地板反光，顶棚吸光。如果地板和顶棚采用同样的材料，反而会因亮度不同而区别更大。在这里，密斯用材料的不对称来创造出光学的对称，利用光的反射使顶棚像天空一样，令周围的环境更显广阔。"[12] 他将这个现象描述为一种"矛盾的对称"，但是我们现在知道当时巴塞罗那馆的照片曾被修饰过，以强化这种效果。

建筑坐落的建成环境后来发生了变化。原来曾有一排古典柱子立在建筑前面，有一条道路和台阶穿过这排柱子向上通向"西班牙村"，原来展览的这一部分至今仍然存在。参观者穿过这座建筑并经过台地。巴塞罗那馆不仅仅是一座建筑；它是一个综合体，室内与建筑周围的景观相互融合，形成一个整体。

1　路德维希·密斯·凡·德·罗与亨利·托马斯·卡德伯里 – 布朗的谈话，出自：*Architectural Association Journal*，July/August 1959, p. 27-28.
2　Justus Bier, "Mies van der Rohes Reichspavillon in Barcelona", 出自：*Die Form*, 15 August 1929, p. 423.
3　路德维希·密斯·凡·德·罗 1924 年 6 月 19 日的手稿，出自：Fritz Neumeyer, *The Artless Word - Mies van der Rohe on the Building Art*, Cambridge, Mass. 1991, p. 250. 密斯指的是自己的一座未建成的砖结构乡村住宅。
4　参见注释 2。
5　瑟吉厄斯·吕根伯格引用于一份手稿，密斯·凡·德·罗档案，纽约现代艺术博物馆。
6　路德维希·密斯·凡·德·罗于 1964 年与乌尔里希·康拉德的对话，录制于一张胶片："Mies in Berlin", Bauwelt, Berlin 1966.
7　路德维希·密斯·凡·德·罗 1952 年 2 月 13 日访谈，出自：*Master Builder*, No. 3, 1952, p. 28.
8　瑟吉厄斯·吕根伯格于一份手稿中，出自：Eva-Maria Amberger, *Sergius Ruegenberg - Architekt zwischen Mies van der Rohe und Hans Scharoun*, Berlin 2000, p. 78（translation JR）.
9　参见注释 2。
10　参见注释 8，第 81 页。
11　Colin Rowe, "Neo- 'Classicism' and Modern Architecture II"（写于 1956～1957 年，第一次发表于 1973 年），出自：*The Mathematics of the Ideal Villa and Other Essays*, Cambridge, Mass. 1987, p. 143.
12　Robin Evans, "Mies van der Rohe's Paradoxical Symmetries", 出自：*AA Files*, No. 19, 1990, p. 63-64.

24 德国电气工业馆

世界博览会，巴塞罗那，西班牙
1929年
已毁

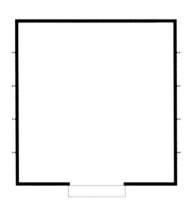

尽管密斯为巴塞罗那世界博览会设计的第二个场馆似乎与更为著名的巴塞罗那德国馆形成了对比，但二者也有着概念上的相似性。[1] 德国电气工业馆（German Electrical Industry Pavilion）的支撑结构也是与墙体分开的，也是由布置成两排平行的柱子支撑着屋顶。这座建筑使用了"I"形竖框作为壁柱，这似乎是第一次在密斯的作品中出现，形成了跨度20米的结构体系。[2] 这个场馆也采用了视觉方法来创造一种室内扩张的错觉。而外部的感觉，就像它表面看上去的：是一个白色立方体。但室内的墙上贴着照片喷绘板，拼在一起形成巨大的全景装置，创造出空间扩张的错觉。虽然室内设计并非出自密斯本人之手，但他也非常着迷于照片壁纸的想法，甚至申请了一项专利。他写道："通过这个发明，有可能生产出一种营造全新效果的壁纸，尤其是关于进深的印象。……这项发明中形容的特别先进的方法是不再需要进行壁纸设计，而是可以将自然的照片的形式，用于制造壁纸。"[3]

正方形平面有助于让室内的四个墙立面有同样的重要性，而正方形平面是密斯此前曾经避免的。屋顶的跨度都在同一个方向，但由于大约在10米高处嵌入了悬挂顶棚而看不出来。设计不遗余力地传达纯净的印象，雨水沟都隐藏在白色粉刷的砖墙里。

1 关于建筑的大量评论见：Mechthild Heuser, *Die Kunst der Fuge - Von der AEG-Turbinenfabrik zum Illinois Institute of Technology: Das Stahlskelett als ästhetische Kategorie*, Dissertation Humboldt-Universität，Berlin 1998, pp. 80-90.
2 20米×20米，15米高的尺度见于 *Jahrbuch der Verkehrsdirektion, Veröffentlichungen der BEWAG*, Vol. 10, p. 39ff. In the *Zentralblatt der Bauverwaltung* from 21 August 1929, p.546，沃尔特·根茨默尔（Walter Genzmer）写道："它的外墙是由砖砌成，部分用钢筋柱加固。"
3 Ludwig Mies van der Rohe, "Verfahren zum Bedrucken von Tapetenbahnen"，1938年3月12日提交的专利申请书，转载于：Helmut Reuter and Birgit Schulte（eds.），*Mies and Modern Living: Interiors, Furniture, Photography*, Ostfildern 2008, p. 266.

立面图
平面图

25 吐根哈特住宅

布尔诺（Brno），捷克
1928~1930年

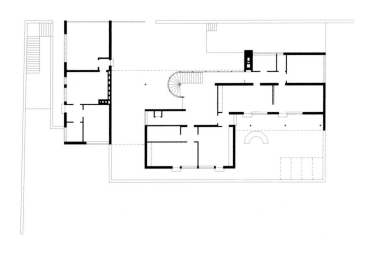

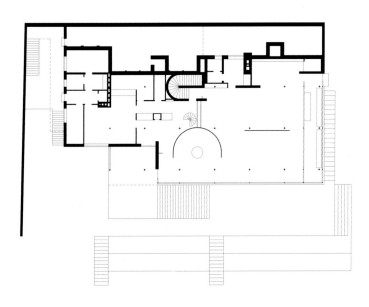

吐根哈特住宅（Tugendhat House）坐落于一个陡峭的基地上，几乎是将背部对着公共街道。它是如此坚决地面向着花园，以至于从入口立面看不出一点住宅的迹象。甚至连前门都藏在了视线之外。然而，在入口处还是有那么一点点邀请的姿态，那就是透过一个景框般的开口，越过城市中的层层屋顶，可以看到远处地平线上的城堡。这个开口的作用是开放的观景台。从街道上看，建筑似乎由几个独特但明显不同的元素组成：一个人工平台、一片柱子支撑的屋顶板、一面不承重的从地到顶的大理石般的乳白玻璃墙，还有一个纪念碑似的烟囱。[1]

从入口大厅开始，一道楼梯向下通往起居空间。在楼梯脚下，出现一条路直接通向图书馆里的一张桌子，大概是主人的书桌，然后就进入一个广阔的起居空间。这个中央空间中的玻璃墙能够降到地板内，这样便可以转换为一个开放的阳台。这个房间就是一件整体艺术作品：人们能感受到，建筑、家具和配件就是一个整体。密斯不仅为这座住宅设计了大量家具，包括布尔诺椅和布尔诺扶手椅，而且指定了它们的摆放位置。就连圆形餐桌也是锚固在地板上的。

整个环境散发着一种强烈的开放空间感，向外延伸到景观当中，那些珍贵材料的颜色也增添了这种感觉："起居室墙：金褐色和白色缟玛瑙。餐厅墙：黑色条纹和浅褐色的黑檀木。窗帘：黑色和米黄色的生丝，白色天鹅绒。地毯：天然羊毛。地板：白色油毡。椅子：白色牛皮纸、天然猪皮和浅绿色牛皮面。"[2] 织物装饰和家具的颜色得力于密斯的搭档莉莉·赖希。绿色的巴塞罗那椅旁边就是一把红色的摇椅。然而，与这种多变的色彩运用相对比，建筑本身的颜色只是通过材料来展现。尽管密斯公开承认过对自然材料的热爱[3]，但并不意味着他只采用没有处理过的材料形式。例如，在他后来的作品中，密斯会采用阳极氧化处理的铝，这样它就有一种古铜色；在吐根哈特住宅中，钢结构的室内柱子被精心地包裹了一层铬，室外的柱子因做了人工铜绿而使黄铜的铜元素显现出来，这样它看起来更像青铜。与此对比的是，在辅助空间和下面一层，结构并没有覆层。

在吐根哈特住宅，密斯将他用于巴塞罗那德国馆中的开放平面概念转化到住宅环境中，但是并没有运用于整个住宅，只是用于下面那一层有代表性的起居空间中。上面一层除了卧室还包括一系列传统的封闭房间。[4] 骨骼般的框架结构对于传统或是现代空间的概念都很可行。尽管两个概念是相反的，但是当建筑协调地将它们结合在一起时，二者之间的对比并不明显。十字形的柱子同样也是传统与现代的综合体，它们曲线的覆层形成一种垂直的轮廓，让人回想起古典柱式的凹槽。同时反射的铬表面有一种非物质化的效果。对于这种方案的构造意义，肯尼斯·弗兰姆普顿（Kenneth Frampton）曾经这样评论：

"与勒·柯布西耶在他的纯粹主义自由平面中的底层架空柱一样，这个柱子既没有柱础也没有柱顶。实际上，两种柱子类型都是抽象的支承理念，于是，由于在两个例子中都没有表现出梁这一事实，这种形式传达出一定程度的对承重实体的虚化。在两个例子中，顶棚都处理为平坦而连续的平面。我们在这里看到的是多么现代化，无梁的结构有助于削弱框架的感觉；也就是说，它消除了真正的横梁式结构。"[5]

上层平面图
首层平面图

从街道看建筑
从花园看建筑

虽然密斯从来没有明言，但是空间的集合创造出一种建筑学上的漫步，引导参观者不知不觉地从一个空间区域走到下一个空间区域，对光线的准确运用编排着参观者通过空间的脚步。参观者并不是突然到达建筑的中央，而是渐渐地被牵引着通过一系列转换区域——阿道夫·路斯（Adolf Loos）把这个现象命名为"引导空间"[6]（Introduction）——不让参观者从任何角度看到整个建筑的景象。丝绸窗帘悬挂在导轨上，也可以拉起来作为屏风，营造出不同的空间组合。在这座住宅中，密斯还将他的一个中心主题——室内外空间的互动——运用到了一个新高度。除了利用过渡空间，例如与开放的起居空间相连的温室，他还布置了独立的奢华材料面层，例如缟玛瑙墙和檀木屏风，用多种方式利用它们来限定空间。例如，圆形屏风的保护性姿态恰恰是一个建筑转折点，非凡而准确，因为它在围护的同时又创造出一种完全不同的状态，亲切地向着外部景观敞开怀抱。

后续改造

犹太人业主在逃离纳粹体制之前，只在这座住宅里居住了短短几年，这座建筑便被占领并掠夺。多年以来，它的用途曾更改为健身房、儿童医院和宾馆，每一次都会经历新的改造。1980年代进行修复时，建筑继续经历了新一轮的翻新和损毁。瓷砖被移走，建筑用白色合成颜料涂刷，对结构材料造成了损坏。仅存的15平方米的巨大矩形玻璃板也在这次更新中丢失了。随着2010年到2012年的最近一次改造进行了大量的材料调查[7]，终于按照原来的条件严格地重建，以至于现在很难判断哪些是原来的，哪些是重建的。尽管如此，也只能竭力得到一种近似的结果。例如，修复后的通向花园的洞石台阶是随机铺砌的，石材的纹理并不平顺，而是杂乱无章。还有，原来的缟玛瑙墙前有一座威廉·莱姆布鲁克（Wilhelm Lehmbruck）的雕塑，它在建筑概念中起着关键的作用，现在也缺失了。

今日视角

以前曾参观过这座建筑的人会惊奇地发现它已经不是白色的了。液压的石灰粉刷混合了当地生产的沙子，导致它现在是掺杂了浅褐色的杂色。室内的墙也同样不再是亮白色。采用非常精致的灰浆抹面，但没有再粉刷，靠近观察的话会发现这里面也掺杂了沙子。甚至连瓷砖和油毡地板也不再是白色的，而是有一种浅奶油色调，与洞石的铺地非常协调。

在更新的所有地方都可以看到密斯那精确的细节。浴室根据黑白老照片重新建造。根据照片做了浴缸的计算机模型，还用计算机模型铸造了洁具，就连水龙头和电灯开关也一丝不苟地重新制作，也重新制作了家具。先前以为丢失了的檀木屏风，在城中以前的盖世太保司

入口
入口区域室内部分
复原的卫生间

起居室
温室

令部找到并重新装上。在重建工作中对细节的一丝不苟为参观者呈现出的印象，就像穿越回了当时交钥匙的时刻。

　　在住宅首次建成后不久，有一个问题引起了争论：吐根哈特住宅能住人吗？主人可不愿意生活得像展览一样。如今，这座住宅的确是一座博物馆，它的建筑实体和建筑原则一起展览着。完成吐根哈特住宅后不久，密斯真的创作了一个用作展览的住宅。1931 年，在柏林一个贸易展会大厅里，他设计了一个完全布置好家具的住宅，也有着开放的平面和可伸缩的玻璃墙，它的唯一作用就是突出建筑的空间特质。

1　戈特弗里德·森佩尔曾经在他的《建筑四要素》一书中将墙的属性描述为非承重元素。无论密斯是否主动地关注这个理论，将这座建筑按这四个要素分析是很有启发性的——平台、屋顶、墙和壁炉——它们都被赋予了特定的物质性。

2　Philip Johnson, *Mies van der Rohe*, New York 1947, p. 80.

3　路德维希·密斯·凡·德·罗："我喜爱自然材料。"出自: Moisés Puente（ed.）, *Conversations with Mies van der Rohe*, Barcelona 2006, p. 60.

4　一篇关于空间概念的评论见于: Wolf Tegethoff, *Mies van der Rohe: The Villas and Country Houses*, Cambridge, Mass. 1995, pp.90-98.

5　Kenneth Frampton, *Studies in Tectonic Culture: The Poetics of Construction in Nineteenth and Twentieth Century Architecture*.Chicago, Cambridge, Mass. 1995, p. 177.

6　参见 Heinrich Kulka（ed.）, *Adolf Loos - Das Werk des Architekten（Adolf Loos - The Architect's Work）*, Vienna 1931, p. 36-37.

7　好几所大学参与了"科学的保护研究"（scientific conservation study），这项研究由伊沃·哈默（Ivo Hammer）领导。

从阳台俯瞰花园

26 亨克住宅，加建

埃森（Essen），德国
1930年
已毁

这座建筑建成于 1911 年，从亨克住宅（Henke House）的平面可以看出这是一个"L"形的空间，从剖面图可以看出这是对一座两层建筑的扩建，密斯的加建部分只是一层，在建筑的后部。[1]"L"形是扩建部分与原有房间相连接的结果，第二层是一个更低的楼层，巨大的玻璃墙可以沉入其中。密斯的加建将住宅延伸进了花园，并采用了用罗马洞石做的地板铺装，覆盖了整个阳台，当窗户下沉到地板中，室内外就变成了一个空间。加建部分在战争中被毁。

1 存于埃森市古迹保护机构的菲尔绍大街（Virchowstraße）124058 号的建筑记录正有原建筑的文件。

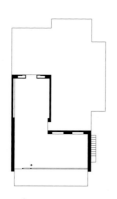

立面图
首层平面图

27　费尔塞达工厂

克雷菲尔德，德国
1930~1931年
1935年扩建

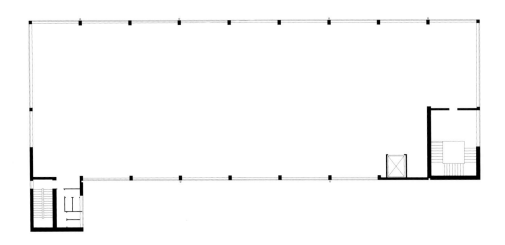

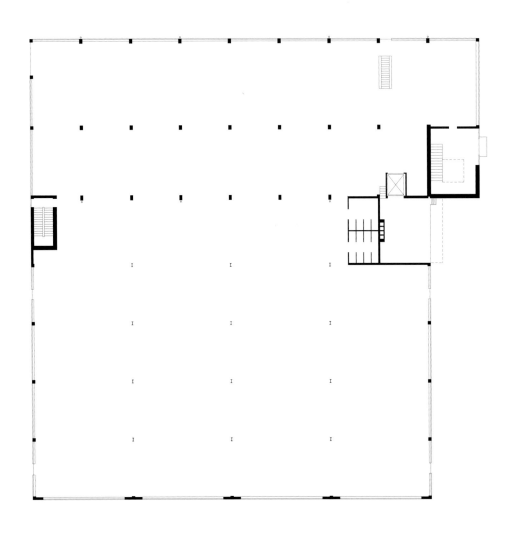

德国费尔塞达织物有限公司的厂房（Verseidag Factory）包括几座独立的建筑，组合在一起成为一个整体。其中的四层仓库和附加的单坡屋顶建筑被认为是密斯的作品。除了在他办公室中画的平面图和细部图，还有附加建筑的透视图。建筑第一阶段建成几年后，又在仓库上面加了两层，单坡屋顶覆盖的区域也扩大了。这个项目是与工厂自有的建筑部门协作完成的，基地中的其他建筑也是由他们建造的。密斯以顾问的身份参与了这个项目，也包括室外空间的构建。[1] 尽管作品列表提到这个项目时称其为"厂房建筑与电站"[2] 组合，但我们可以只考量他在建筑整体布置上起到的作用。不过，工厂综合体的整体布置与它后来的发展息息相关。

虽然密斯设计的建筑包括两个不同的体量，但人们在接近它时只会看到一个立方体块。由于在尽端连接了一个逃生楼梯，仓库平面实际上是"L"形的，而且它的一层延伸出去，完全成为一种不同的建筑类型，一个单坡大厅，这种体块的印象是一个清晰的矩形形状。这是因为建筑从现存的周围建筑中清楚地分离开。两个体量没有直接相连，而是通过一个过渡空间分开，在平面图中标志为一个"连接空间"。从外部看起来像一个缺口，里面嵌着一条传送坡道。

密斯在朗格别墅和埃斯特尔别墅的任务之后接下了为织物公司设计厂房的任务，继续为这两位客户服务。单坡屋顶建筑内为印染车间，它朝北的屋顶采光提供了生产需要的均匀标准照明。四层的建筑用来储存布料。建筑的两个部分都是钢结构的。单坡屋顶剖面的工形梁暴露在外，而仓库建筑的结构则是包在覆盖层之内。密斯致力于"一种尽可能清晰的结构"。[3] 与巴塞罗那德国馆和吐根哈特住宅中与墙分开的十字形截面柱形成对比的是，这里的"H"形截面柱与墙在同一个平面中——回溯起来，这种手法在密斯后来的作品中形成了典型的概念。

密斯对于设计厂房的任务很熟悉，他以前在彼得·贝伦斯事务所工作时曾经从事过 AEG 工厂项目。他曾解释道："既然真正的建筑方法应该总是客观的，我们发现当时唯一有效的解决方案是在那些客观限制显而易见的例子中，根本没有机会容许主观。这在工业建筑领域中是千真万确的。记住彼得·贝伦斯为电厂做的非凡的创造就足够了。"[4] 但是，如同贝伦斯在审视着他，密斯在设计工厂时并不是随心所欲地舍弃古典参考的。抛却建筑的客观特性，尽管密斯本人评论"他建造的工厂像一座庙宇一样坐落在景观中，破坏了景观"[5]，但建筑的立面在其比例和连接上还是展示了古典的趋势。

贝伦斯效仿申克尔并强调转角，密斯则允许框架结构的骨架展示在立面中。结构框架暴露在整个玻璃的北立面中，勾画出建筑立面的轮廓。然而结果如同乐曲一般：排水管有节奏地排列着，产生出 1-2-3-2-1 的凹

南立面
北立面
逃生楼梯栏杆

仓库
窗户细节

坡屋顶
楼梯

槽图案。柱基也进行了强调:一条砖带围绕一周,采用交叉砌筑法,增强了柱基的印象。密斯为柱基和墙角专门采用了这种砌筑法,与他在阿弗里卡尼施大街设计的住宅一样。一层窗户的开口比例也与上面几层不同:下面反映黄金分割比,上面采用1:2的比例。

后续改造

后来仓库又加建了更多层,通过使用钢梁实现,跨度达到几乎整个建筑20米的深度,使顶层形成了一个无柱空间。但是,后来的加建阻碍了穿过这个空间的清晰视线。除了一层的五个窗户,其他的玻璃全部被替换,新窗户的剖面比以前显著加厚。还加了遮阳百叶窗,改变了窗户的比例。主楼梯间窗台的高度增加了,玻璃换成了彩色玻璃。厂房至今还在使用。

今日视角

在建筑师史密森夫妇(Alison and Peter Smithson)看来,这组厂房建筑代表着一个新的限定空间的概念,重复出现在许多密斯后来的作品中:"这种开放空间结构的城市肌理在他的作品中第一次成为现实,在这克雷菲尔德的一组工厂建筑中,展示了所有的形式特征——在建筑中,在总平面中,在植物中(低垂的柳枝,平坦的草坪)——这一切我们都会在伊利诺伊理工学院校园中找到熟悉感。因为这些一定程度上在克雷菲尔德都已经出现了。"[6] 史密森夫妇从拉菲亚特公园项目中工厂的空间概念追溯至此,他们在1968年将拉菲亚特项目描述为"当然是迄今为止本世纪最文明的居住区"[7]。

虽然这个推论今天可能看起来有点夸张,但费尔塞达工厂的其他方面回顾起来确实可以被看作先锋。不仅楼梯间稀疏的栏杆和暴露的宽翼"I"形竖框,还有"H"形截面的柱子都可以视为伊利诺伊理工学院建筑的先导。柯林·罗分析过这种柱子在构造系统上的转变,他通过研究不同的柱子概念追踪密斯建筑体系的基本发展。虽然以下是描述美国的项目,但他的分析同样适用于费尔塞达工厂:

"密斯典型的德国柱是圆形或十字形截面的,但他的新柱子变成了'H'形截面的,变成了'I'形竖框,现在几乎成为了个人签名。一般来说,他的德国柱与墙和窗户是明显分开的,在空间上独立于它们;而典型的是,他的新柱子变成与建筑的围护成为一个整体的元素,其功能变成一种墙的竖框或余留。因此柱子截面还是在整个建筑空间上产生了一些强烈的效果。

圆形或十字形截面趋向于将隔墙推离柱子。而新的构造趋向于接近墙体。旧的柱子给空间的水平移动设置了最小化的障碍;但是新的柱子无疑形成了一种更坚固的限定。旧的柱子容易引起空间围绕着它旋转,是一个暂时限定的体量的中心;但新的柱子反而起到围合的作用或在空间中永久限定一个主要体量。于是二者的空间功能完全不同了。"[8]

圆形或十字形截面柱承担着平坦的屋顶板,新的柱子具有方向性并与一套梁系统连接。分隔墙便布置在这些轴线上。尽管对工业建筑来说,这是一个典型的构造原则,但从构造的观点看这有着重大关系,因为它代表了回归到框架的结构原则。

1 "最令人不快的就是两层的部分。我考虑这个转角越多,就越不喜欢它",密斯在1937年3月6日一封写给建筑部的信中这样描述加建部分。"我会建议保留这座建筑清楚的矩形形式,当然是二层平面,像最初设计的那样,不要把它扩大到与建筑原有部分相接。"引自Christiane Lange, *Ludwig Mies van der Rohe - Architektur für die Seidenindustrie*(*Architecture for the Silk-Weaving Industry*), Berlin 2011, p. 154.

2 参见 Philip Johnson, *Mies van der Rohe*, New York 1947, p.199.

3 引自 Christiane Lange, *Ludwig Mies van der Rohe - Architektur für die Seidenindustrie*(*Architecture for the Silk-Weaving Industry*), Berlin 2011, p. 154.

4 路德维希·密斯·凡·德·罗写于1940年,见:Philip Johnson, *Mies van der Rohe*, New York 1947, p.195.

5 1928年以来的笔记本记录,引自:Fritz Neumeyer, *The Artless Word - Mies van der Rohe on the Building Art*, Cambridge, Mass. 1991, p. 275.

6 Alison and Peter Smithson, "Mies van der Rohe" 出自:Oswald Mathias Ungers(Ed.), *Veröffentlichungen zur Architektur*, Vol. 20, TU Berlin 1968, p. 9.

7 同上,第11页。

8 Colin Rowe, "Neo-'Classicism' and Modern Architecture II"(写于1956~1957年,第一次发表于1973年), 出自:*The Mathematics of the Ideal Villa, and Other Essays*, Cambridge, Mass. 1987, pp. 144-145.

28 柏林建筑展的样板间

柏林，德国
1931年
已毁

柏林建筑展的样板间（Model House for the Berlin Building Exposition）并不是一座实际的建筑，而是一个在建筑展览会上临时展出的足尺模型。[1] 平板屋顶放置在 15 根圆形截面柱组成的柱网上，起居区的柱子是铬合金的，而卧室和室外空间的柱子则漆成白色。这个结构可以自由地布置墙体和独立的支撑结构。对于更独立的元素，功能区域布置在紧密闭合的体块里。带有厨房和"佣人房"的服务区域布置在平面一角，而浴室和圆形的墙作为空间分隔。服务用房减到最少，以使被服务的房间达到最大化。

参观者沿着一条"S"形道路从入口进入起居室。然后迎面就是一面墙，墙的后面是服务区域。通向这一区域的门包裹着与墙板同样的板材。服务区块沿着一面长长的墙布置，延伸进花园里，另一面紧邻的是一面玻璃墙。这面玻璃墙可以降到地板里，让空间自由地流动。与朗格别墅、吐根哈特住宅和亨克住宅不同，这面玻璃墙没有布置在房间边缘，而是在空间中央。甚至当墙闭合起来，似乎仍然能够看见空间超越了玻璃板在延伸。在房子对面一侧的卧室中重复这一同样的原则。起居区域以一种外向的姿态向着景观开放，卧室则向着一个内向的庭院开放。这个空间延伸至两面独立的墙，墙毗连着一个水池，水池前面是一座格奥尔格·科尔贝（Georg Kolbe）的雕塑，矗立在那里成为视线的焦点。

1 展览会报道见：*Die Form* No. 6 and No. 7，1931.

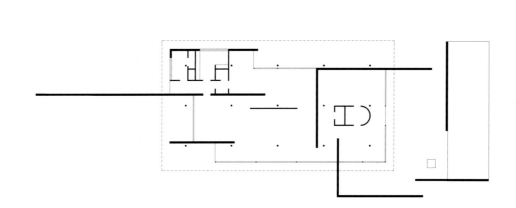

立面图
平面图

29 饮泉厅（快餐店）

德绍（Dessau），德国
1932年
重建

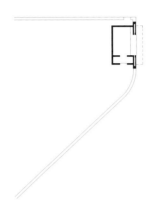

饮泉厅（快餐店）[Trinkhalle（Refreshment Stand）] 是一个名为"大师的住宅"的花园墙的简单翻修，这座住宅是沃尔特·格罗皮乌斯为他自己设计的。[1] 密斯想到了这个散发着简洁感的方案——一个"几乎什么都没有"的建筑。这种方法要求达到一种最大程度的极简主义，但是过程却是极不简单的。窗口的细节设计非常复杂。窗户的钢框架嵌在滚轴上，可以完全地缩进墙里。墙上做了两个槽，这样当窗户打开时，窗口看起来就像从墙上切出来的。饮泉厅1970年被拆毁，2013年到2014年由建筑师布鲁诺·菲奥雷蒂·马克斯（Bruno Fioretti Marquez）重建，方法颇为抽象。

1 关于这座建筑历史的更多信息参见：Helmut Erfurth, Elisabeth Tharandt, *Ludwig Mies van der Rohe - Die Trinkhalle - Sein einziger Bau in Dessau*, Dessau 1995. 在这本书中没有建筑平面图，但后来在爱德华·路德维希（Eduard Ludwig）的遗赠中发现了施工图和细节图，如今收藏于包豪斯德绍基金会。

平面图
从街道看建筑

30 列克之屋

柏林-霍恩施豪森，德国
1932~1933年

从路上看过去，列克之屋（Lemke House）似乎矮小而低调，带着这个印象到达路边的入口，便会感到格外的惊喜。透过一道玻璃门，一条长长的视线穿过房子，直接看向湖畔。甚至在进入房子之前，人就已经体验到这座建筑一个特有的方面：室内空间非常外向，建筑体量本身就形成了室外空间。

建筑内部有一道台阶，在入口处形成一种空间的围合感，入口与房子本身用同样的材料铺地。建筑朝着花园的方向有一个铺地的阳台，形成一种类似庭院的状态。阳台最初以两棵胡桃树为边界，种植在铺地表面的两个开口处，这两个开口是不对称布置的，这两棵树让"L"形的建筑若隐若现。而且它们形成的树荫非常重要，因为两个大玻璃立面一个是朝南，一个是朝西。

住宅坐落于一个缓缓抬高的基地上，在建造真正的建筑之前，曾经做过相应的地形模型。抬升的状态很明显，因为带有铺装的入口道路是一个轻微的斜坡。对房子的这种刻意抬升有助于让人知道从住宅到达湖边要通过一条向下倾斜的小道，因为凭感觉几乎觉察不到。尽管房子背对着邻居和街道，但它仍然是环境的产物。

在房子内部，呈现出一系列带景框的全景图，视野延伸到湖另一侧的最远处。地平线上的树也形成了建筑概念的一部分，有助于人对空间的感知。遥远的景象让建筑比较适中的尺度似乎变大了。两面"L"形布置的玻璃墙创造出一种对角的视线轴——与佩尔斯住宅后来的扩建类似——从起居室通过阳台到细长的大厅，将室内外空间连接到一起，成为一个简单的空间组合。

建筑外表覆盖着简单而朴素的砖，上面切出不同大小的开口。布置在房间转角处的窗户有着在工业设施中采用的标准金属截面。在建筑的外表既看不到门楣也看不到排水沟。平屋顶的坡度是从外墙到中央向内倾斜的，从平面中央排走雨水。密斯描述过对砖的研究是如何影响了设计，将砖称为"老师"之一："这种小小的手工形状是多么有表现力，对每一种意图都那么有用。砖的联结是多么富有逻辑，图案的游戏是多么生动。最简单的墙表面是多么丰富。但是这种材料又是多么需要规则。"[1]

除了砖墙不证自明的本质，它们的作用是隐藏真正的结构，所有人看到的是表面的一层砖砌体。一面精确施工的砖砌体仅仅营造出坚固砖墙的形象。实际的结构包括两层，或说两页，由不同的材料用不同的砌法建成，表面层每隔一段距离用联结件向后锚固在内层。据一本当时的手册所载，砌法的选择是"由经济条件决定的。由于表面层通常是半砖厚，应该选择一种尽可能多地使用整砖的砌法，这样损失才最小"[2]。但是密斯没有遵从于此，而是选择了一种用同样数量的丁砖和顺砖的砌法，造成了相当程度的浪费。对密斯来说，建筑方式的精准度比经济条件更为重要："结构的简洁性、建筑方式的清晰性以及材料的纯净性应该是新的美感的载体。"[3]

后续改造

住宅的主人卡尔·列克（Karl Lemke）是一名印染厂主管，他和妻子玛莎只在这座房子里居住了很短的时间。[4]1945年，由于邻近奥伯湖的两块土地被宣布为禁区的一部分，膝下无子的夫妻二人被迫搬走。这座建筑从此遭到无数的改造。室内的墙和门都被改了，嵌入了新窗户，花园也被铲平了。从2000年到2002年，对该建

平面图
从街道看建筑

车库门和住宅入口
从花园看建筑

大厅

起居室

从街道看建筑
大厅

筑进行了全面修复，原来的状况基本上得到恢复。但是，原来的一部分资产在这个过程中遗失了，包括入口道路的铺装、车库门和双层冬季楼梯。橡木地板、玻璃墙、门及门把手恢复原状，还重建了花园。[5] 如今，这座建筑名为"密斯·凡·德·罗之屋"，成为一个艺术画廊，对参观者开放。但是，画廊空间白色墙面的室内并没有完全反映原来的状况，因为狭长大厅的南墙最初是覆盖着深色木板的。

今日视角

尽管房子明显地与相邻的建筑保持着距离，人们不得不同意雷姆·库哈斯的评论："将密斯解读为独立或自主的大师是一个错误。密斯没有背景就像鱼离开水。"[6] 密斯对自己下一个住宅项目的描述也同样适用于列克之屋。这里他使用了"美丽"一词，他频繁地运用这个词，不仅用来描述作为一个物体的宏伟建筑本身，也用来描述背景和空间体验。房子要建于"美丽的树木"[7] 之下，"对建筑来说，这是一个非凡的美丽的地点"，有一片傍水的"美丽风景"。他将设计描述为"一个安静居所与开放空间的美丽的更替"[8]。

回顾过往，列克之屋似乎只是密斯的独立私人住宅长期发展序列中的高潮，但是低矮的、水平延伸的砖建筑、庭院意境的营造、掩映于一丛丛树下这些概念对于理解密斯后来作品的发展是至关重要的。在后来的未实现项目中以及后来著名的庭院住宅中，单层建筑不仅围合着室外空间，而且住宅也有着向室外空间开放的大片玻璃。在菲利浦·约翰逊早期关于密斯作品的专题著作中，甚至将列克之屋描述为一座庭院住宅。

1 路德维希·密斯·凡·德·罗，1938 年 11 月 2 日于芝加哥的就职演说，出自：Fritz Neumeyer, The Artless Word - On the Building Art, Cambridge, Mass.1991, p. 316.

2 Eduard Jobst Siedler, *Die Lehre vom neuen Bauen - Ein Handbuch der Baustoffe und Bauweisen (The Principles of New Building - A Manual of Building Materials and Construction Techniques)*, Berlin 1932, p. 56.

3 路德维希·密斯·凡·德·罗，1933 年 3 月 13 日起的手稿，出自：Fritz Neumeyer, *The Artless Word–Mies van der Rohe on the Building Art*, Cambridge, Mass.1991, p.314.

4 该建筑历史的全面资料见：Wita Noack, *Konzentrat der Moderne - Das Landhaus Lemke von Ludwig Mies van der Rohe - Wohnhaus, Baudenkmal und Kunsthaus (Concentrated Modernism - A Country House for the Lemkes by Ludwig Mies van der Rohe)*, Munich, Berlin 2008.

5 这次修复的概念记载于：Heribert Suter, "Haus Lemke, Berlin-Hohenschönhausen - Baugeschichte, Voruntersuchung und Instandsetzungskonzept", 出自：Johannes Cramer and Dorothée Sack (eds.), *Mies van der Rohe: Frühe Bauten. Probleme der Erhaltung, Probleme der Bewertung (Mies van der Rohe - Early Built Works: Problems in their conservation and assessment)*, Petersberg 2004, pp. 115–128.

6 Rem Koolhaas, "Miestakes", 出自：Phyllis Lambert (ed.), *Mies in America*, Montreal, New York 2001, p. 723.

7 Ludwig Mies van der Rohe, "The H. House, Magdeburg", 出自：Fritz Neumeyer, *The Artless Word –Mies van der Rohe on the Building Art*, Cambridge, Mass.1991, p. 314.

8 同上。

31 伊利诺伊理工学院

芝加哥，美国
1941~1958年

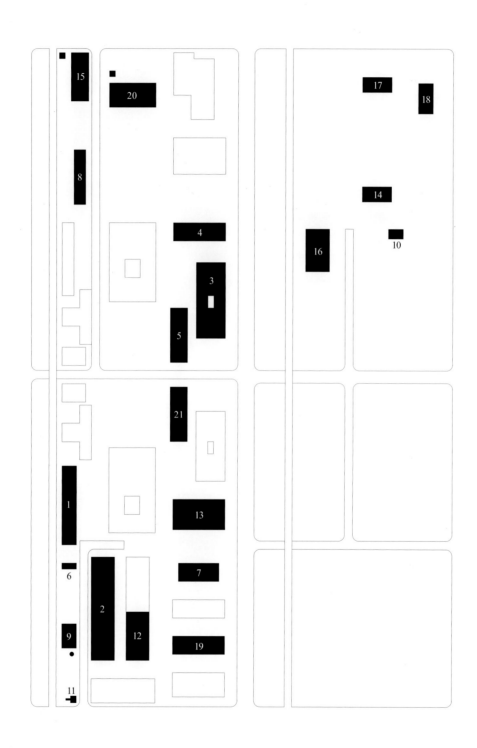

基地平面图

帕尔斯坦楼和威什尼克楼

密斯从柏林搬到芝加哥后不久，便开始为伊利诺伊理工学院（Illinois Institute of Technology）做校园设计，他后来也在这所大学任教。作为该校建筑系主任，他对这些建筑的设计有着按部就班的意图。他不仅为未来的伊利诺伊理工学院校园设计了总平面，而且设计了各单体建筑。"我坚定地相信一座校园必须有统一性。有人觉得让不同的建筑师来设计每一座建筑或一组建筑非常民主，但从我的观点看，这只是一个逃避接受清晰理念的责任的借口。"[1]密斯宣称"这是我曾经做出的最大的决定"[2]，并呈交出一个建筑体量的组合方案，这些建筑沿着一条通过中央广场的对称轴线布置。平面采用白板的方法，不顾基地部分被占以及位于城市人口密集区的事实。这个地区被称为贫民窟，无数曾经坐落于此的路易斯·沙利文（Louis Sullivan）的建筑也随着时间被拆毁。

密斯为校园做的第一个设计甚至穿过了历史性的街道肌理，但这个穿过街道的建筑方案在一开始就被否决了。在修改后的设计中，他将新建筑整合进现有的城市结构。经修改的平面中，保留了中央广场，建筑体量普遍很简化，更加自由地布置在空间中。中央广场由最大的两座建筑限定出来，那就是图书馆兼管理楼以及学生会兼礼堂，但这两座建筑都没有建成。

在密斯的城市设计概念中，他首先集中精力定出一个最小单元的尺寸，它的功能即为一个模度，在此之上发展整个校园。"当我们开始工作时，我试图确定教室是什么样的，实验室是什么样的，商店是什么样的。我们得到一个 24 英尺的模度系统，也就是 7.32 米，这是在瑞士和瑞典用于学校建筑的一种度量。因此我在整个校园画了一个 24 英尺 × 24 英尺的网格。交叉点即是我们布置柱子的点。这是确定不变的。"[3]基本网格也可以向上延伸，每一层等于半个模度即 12 英尺。这种三维网格的作用只是提供一个定向的尺度。

最初的基地位于两条铁路线之间，包含着芝加哥的八个街区。这里曾经是一个时髦的居住区，并曾被设计为一个公园似的绿地，建筑简单地像展馆一样分布在基地上。密斯与景观建筑师阿尔弗雷德·考德威尔（Alfred Caldwell）合作设计了校园的室外空间。在最早的草图中，人们已经可以看到大片的草地、不对称布置的树丛和爬满常春藤的围墙。建筑和城市设计被作为一个整体构思，有意地与植被混合在一起，成为一种新的城市景观。

密斯后来在东边相邻的基地为伊利诺伊理工学院设计了 3 座高层住宅塔楼、一座公共建筑和一座小教堂。在 15 年的过程中，他为伊利诺伊理工学院设计了 21 座建筑，但整体校园规划仍然没有完成。"校园规划为一个整体，如果它不能成为一个整体，我也必须对主体满意，"[4]他在其他建筑师被委托设计后来的建筑之后这样宣布。尽管其他建筑师部分地坚持了非常接近于密斯的建筑语言，但中央区域那清晰划分的空间到目前都没有完全实现。

几十年来，校园邻近的城市空间已经变得不那么密集。于是，在周围密集的建筑肌理与精心布置在绿色空间之中，校园建筑及其清晰轮廓线之间有意营造的对比变得越发不明显了。雷姆·库哈斯设计了伊利诺伊理工学院的麦考密克·特利比恩校园中心（IIT McCormick Tribute Campus Center），在他的设计中，对最初的概念有所呼应，但是更明显地是呼应了城市变化后的背景。他的

建筑提高了校园的密度，并改变了城市的状态。库哈斯将密斯关于的城市意图理解为"通用的"，一种灵活的结构原则，这种原则与确定的总平面是对立的。"密斯并不是在设计单体建筑，而是在设计一个无形的条件，一个放在任何地方都可以显示自己的建筑，而且可以结合或重组到无数的结构之中。"[5]

尽管建筑都被设计成简洁的矩形体量，它们还是有着最精心推敲的比例，建筑之间的空间也是如此。按照原本的规划，走在沿着对称轴的道路上穿过校园的人们应该体验到有韵律的、时宽时窄的空间更替。两座最大的建筑之间的空间应该是准确的 24 模度，南边的珀尔斯坦楼的空间则正好是 12 模度。

1 路德维希·密斯·凡·德·罗与凯瑟琳·库的对话，出自：*Saturday Review*，23 Jan.1965, p.61.
2 Ludwig Mies van der Rohe, 出自：*Architectural Forum*，Nov. 1951, p. 104.
3 路德维希·密斯·凡·德·罗与亨利·托马斯·卡德伯里-布朗的谈话，出自：*Architectural Association Journal*，Jul./Aug. 1959, pp. 36-37.
4 同上。
5 Rem Koolhaas, "Miestakes", 出自：Phyllis Lambert（ed.），*Mies in America*，Montreal, New York 2001, p. 723.

卡曼楼和小教堂
西格尔楼和克朗楼

32 矿物与金属研究大楼

伊利诺伊理工学院，芝加哥，美国
1941~1943年
1956~1958年扩建

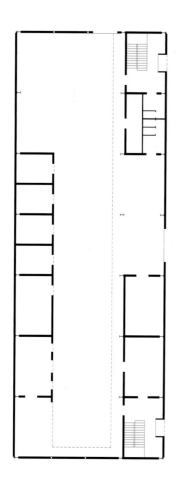

伊利诺伊理工学院新校园综合体中的第一座建筑是矿物与金属研究大楼（Minerals and Metals Research Building），它带有工棚的类型特征。这座建筑紧挨着一个线形区域里的铁路线，这个区域里布置了校园中所有带有工业特征的建筑，例如电站或者变电所。矿物与金属研究大楼的初步设计符合24英尺的网格，网格决定了柱子的跨度和建筑的体量，但实际建筑的长向跨度偏离了这个网格。这是因为建筑的最终长度是由砖的数量决定的。柱基是铰接的，是一条用荷兰式砌法砌筑的连续带，布置在建筑结构框架的前面。

密斯把这种外皮与支撑结构的分离叫作"皮与骨"，结构构件的轴线在立面上是清晰易辨的：每隔6个窗户的纵向剖面会稍微宽一些。建筑进深方向的跨度间距也偏离了24英尺的网格，这是由基地的宽度和移动吊车的需求决定的。就其本身而言，密斯为校园综合体建造的第一座建筑的布置和比例都与他自己遵循网格的原则有所出入，不过，这个原则的原意只是作为一种指导。密斯对于建筑的描述听起来就像一个预定条件的列表：

"从铁路到人行道有64英尺（19.51米）；由于要采用移动吊车——它是40英尺（12.19米）宽，所以从柱中心到柱中心需要42英尺（12.8米）。剩下的是实验室，你知道。所有东西都在那儿——砖墙里需要有钢支柱。这是一个建筑规则问题。只能设计一面8英寸（20厘米）厚的墙，不然就要对它进行加固。所以我们就这样设计了。然后，当完成了所有工作，矿物与金属研究大楼的工程师们过来说，'这里需要一道门。'于是我布置了一道门。"[1]

密斯的这段话显然不承认这个带有黑线网格和不同尺寸矩形的极简主义的抽象形式是受了彼埃·蒙德里安（Piet Mondrian）的影响。他激烈地反对这种推测，来为自己辩解，表示这些推测没有领会他的形式来自于功能的信念以及材料所容许的可能性。在芝加哥的就职演说上，密斯描述了自己有计划性的意图："每种材料有它独特的性质，如果我们要使用它，就必须了解它，比如钢和混凝土。我们必须记住，一切都依赖于我们如何使用材料，而不是材料本身。"[2]这座建筑是战争期间建成的少数几座建筑之一，密斯甚至获准使用钢材，这种材料本来是要留作战备产品的——原因是这座建筑本身也被认为对战事非常重要，建筑不仅是用于研究材料的属性，还成为一个建筑模型，展示了卓越的钢结构艺术。

在这座建筑中，钢结构暴露在外。为了加固砖嵌板，设计了特殊的空截面，由两个标准"U"形截面焊在一起，嵌入墙体并几乎与墙面平齐。在建筑的一角，宽缘"I"形竖框与主要钢结构连接在一起构成了立面。尽管密斯后来常采用悬挂顶棚结构，但在这座建筑中，结构框架在顶棚上还是可见的。屋顶的混凝土梁暴露着，建筑内部的排水管也暴露着："暴露的梁和屋顶桁架，"菲利浦·约翰逊写道，"如同文艺复兴有梁支撑的顶棚那样精心布置。"[3]

这座建筑有着单向的承重结构框架。"密斯将单向跨度结构称为一种'哥特式'方案，"菲利斯·兰伯特写道。"这是一个线性系统，可以在任意一点切分，在密斯的出身背景中，哥特式有个更通俗的名称叫作'香肠'（sausage）。在发生切割的地方，尽端墙成为了结构的图解。结构框架直接暴露出来。"[4]不过，只有在尽端墙上可以看出来。这座建筑的线性概念通过采用两种不同的立面系统

首层平面图

东立面
朝西的玻璃立面

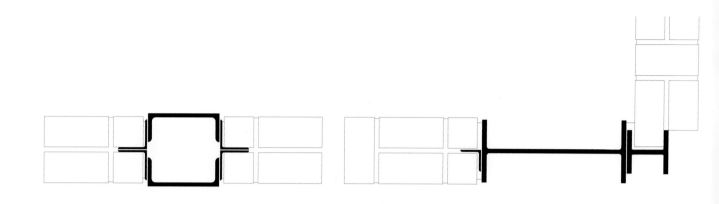

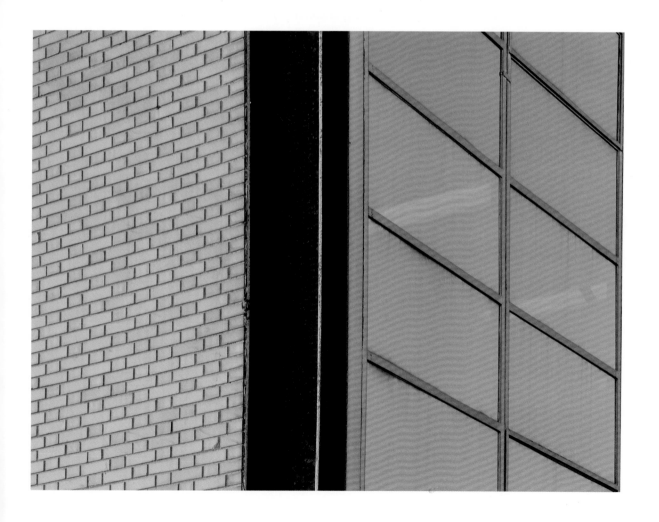

转角细部

与扩建部分的过渡
扩建建筑

表达出来：沿着长边带有悬挂幕墙的连续带状结构以及沿着窄边的一种薄壳结构，如同用砖围砌了一个截面，穿透了建筑。

1956 年至 1958 年，密斯将这座建筑向北扩建了 6 个开间。但是新加的部分是一种不同的建筑类型，从外观就可以看出来。新的窗户贴近顶棚，赋予了建筑一种水平感——就像密斯在 1923 年设计但没有实现的一座混凝土高层建筑——这种水平感与原有建筑形成对比，竟没有尝试一丁点的过渡。

后续改造

沿着西立面的首层空间以及上面的画廊被拆毁了。原本朝向铁路线一侧的玻璃也遗失了。加了新的楼梯，砖墙上有新的开口，窗台也被修改了。与建筑相连的南边的墙也被拆毁了。建筑现在被建筑系使用，成为一个工作室空间，处在一种失修状态，后来的扩建部分也是如此。

今日视角

正如典型的作为原型的建筑那样，这座建筑随着时间开始出现损坏的情况，但也已经影响了后来校园建筑的概念。砌体柱基连续带在结构上与后面的钢框架连在一起，由于不同材料的不同位移，在柱轴线的砖砌体上引起了开裂。这些裂缝导致密斯修改了他的立面原则。他没有让砌体延伸为连续的带状物，围绕整座建筑的周长，而是在每一个结构开间断开，允许结构框架在建筑外部显露出来。

如今回顾这座密斯在美国建成的第一个建筑，会发现它具有极大的影响力。矿物与金属研究大楼不仅成为校园其他建筑的样板，对密斯后来的作品也具有纲领性作用。它也表明战后建筑的发展所具有的普通地位，这在密斯的一项声明中尤为突出："我们宁愿将'建筑'换为'建筑物'这个词。"[5]

肯尼斯·弗兰普顿曾提到这座非常经济的建筑对 SOM 事务所的作品来说是一个关键的先驱，对欧洲高技派建筑也是。例如，在 Team 4 的建筑中，诺曼·福斯特（Norman Foster）和理查德·罗杰斯（Richard Rogers）之间的早期合作中，暴露钢网格即是一个主要表现元素，这二人都曾在美国学习过。建筑质量源自细节的精度。这种结构可能性的成功在经济上也是一种伟大的成就。"它是有争议的，"根据弗兰普顿所说，"密斯式类型学和方法论的作用与世纪之交时艺术学院运用的方法是类似的，即提供了一种模度运作，便于掌握，而且在当代实践发展中仍留有一定的变化空间。"[6]

1　Ludwig Mies van der Rohe，出自：Moisés Puente（ed.），*Conversations with Mies van der Rohe*，Barcelona 2006，p. 43，44.

2　路德维希·密斯·凡·德·罗，1938 年 11 月 20 日于芝加哥的就职演说，出自：Werner Blaser，*Mies van der Rohe - Principles and School*，Basel，Stuttgart 1977，p. 29.

3　Philip Johnson，*Mies van der Rohe*，New York 1947，p. 138.

4　Phyllis Lambert（ed.），*Mies in America*，Montreal，New York 2001，p. 290-291.

5　路德维希·密斯·凡·德·罗与克里斯滕·诺伯舒茨的对话，出自：Editions de l'Architecture d'Aujourd'hui，*L'œuvre de Mies van der Rohe*，Paris 1958，p.100.

6　Kenneth Frampton，*The Evolution of 20th Century Architecture: A Synoptic Account*，New York，Vienna 2007，p. 29.

33 工程研究楼

伊利诺伊理工学院，芝加哥，美国
1943~1946年

由于战争期间钢铁短缺，工程研究楼（Engineering Research Building）是用混凝土建造的。建筑的框架结构暴露在外，立面没有覆盖，框架之间的填充墙在较低的部分采用的是用砖砌体，上部则是窗户。承重与非承重部分之间的衔接是一个混凝土结构的狭槽。这个狭槽在浇筑混凝土柱时预先塑造出一个缩进去的转角。砖砌体一丝不苟的精确性在今天依然显而易见。巨大的木窗框架被分成 16 个部分，每一个都与窗户整个开口有着相同的比例。在参观这座建筑时，建筑师彼得·史密森想起了费尔塞达工厂并写道："早期的混凝土和木窗建筑（大概在战争期间建造）……非常非常像克雷菲尔德的建筑。"[1]

1 彼得·史密森于 1958 年 9 月 12 日写给艾莉森·史密森的信，出自：Alison and Peter Smithson, *Changing the Art of Inhabitation*, London 1994, p. 9.

西立面视图

34 珀尔斯坦楼

伊利诺伊理工学院，芝加哥，美国
1944~1947年

珀尔斯坦楼（Perlstein Hall）原本叫作冶金与化工楼，有一个基本的 24 英尺 ×24 英尺（7.32 米 ×7.32 米）的结构模度。除了建筑北端两层大厅里的那些柱子，所有包裹着混凝土的钢柱都对应着这个网格。大厅里柱子跨度有所变化，以适应移动吊车的尺度。方形网格的"古典"体系与"哥特"体系相结合，后者的柱子位置也有所变化，以适应更细长的矩形布置。[1] 建筑的中央是绿地庭院。这座建筑用作试验场地，作为模块化平面体系的模型，其中柱子与墙平齐而立。

1　迈伦·戈尔德贝格（Myron Goldberg）回忆说，密斯是用这两个词称呼这两个原则的。参见 Phillis Lambert（ed.），*Mies in America*，Montreal，New York 2001，p. 229.

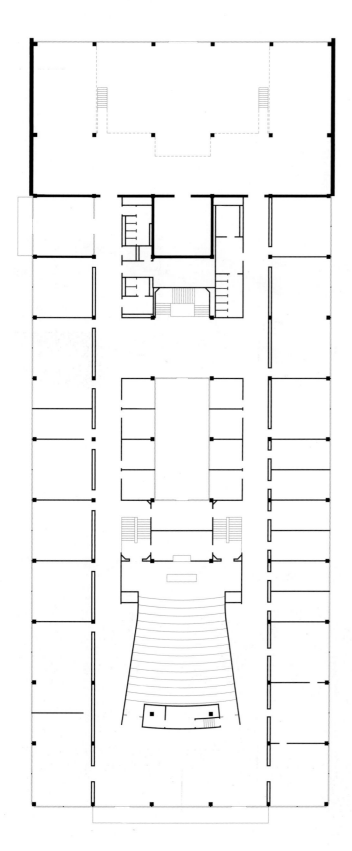

首层平面图

从西南侧看建筑
北立面

35 校友纪念馆

伊利诺伊理工学院，芝加哥，美国
1945~1946年

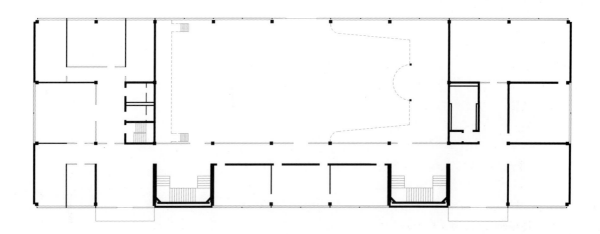

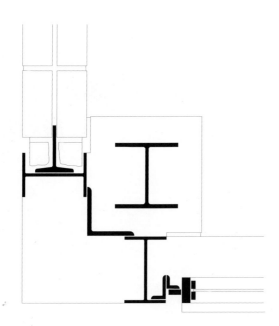

首层平面图
转角细部

密斯对这座建筑转角的设计令它蜚声世界：这就是典型的锯齿状"阴角"的起源，可以在许多伊利诺伊理工学院校园建筑上看到这种转角。在隔壁的珀尔斯坦楼的设计中就曾经研究过这个细节，但是第一次实施是在这座校友纪念馆。不过，在我们研究转角细节之前，让我们先将这座建筑作为一个整体，研究一下它的概念。该建筑最初叫作海军大楼，原定用于海军陆战队教育并包括一些研讨用房、办公室和兵工厂。1947 年，建筑重命名为校友纪念馆（Alumni Memorial Hall），用于纪念在战争中牺牲的毕业生。[1]

框架结构的柱子树立在统领整个校园的网格上。首层平面是 9 个开间模度长和 3 个开间模度宽，分成三个部分，最大的部分在中央，是 5 开间 ×3 开间。这个比例在密斯设计于美国的作品中反复出现过很多次，大约符合黄金分割比。两端的两个部分比例是 2：3。中央部分容纳着一个巨大的两层大厅，大厅里带有画廊，让人联想到轮船的甲板。屋顶的支撑结构里，从下面可以看见的梁的形式。两个对称布置的入口安排在开放式楼梯的对面，与清晰的平面图一致。所有其他非承重隔断自由地布置在所需要的位置，都是可以移动的。

建筑具有示范作用：与周边的建筑一起，形成一个统一的整体，让伊利诺伊理工学院后建的建筑形成一种肌理。与早一些的矿物与金属研究大楼一样，从建筑的立面上可以清晰地看出骨架结构，与传统的半木质结构的形式差不多。然而，在校友纪念馆，人们看不到支撑结构本身，反而看到表现潜在结构的应用元素。这与早期的建筑形成对比：校友纪念馆也是钢结构的，并采用了同样标准化的"I"形竖框，但这些钢结构包裹在有防火作用的混凝土覆层里。

钢框架先是架立在一个混凝土基础板上，然后包裹上混凝土。在外皮上，这第二层混凝土柱的外面又包裹了钢外皮，用这种构造上的表现给人以一座钢结构建筑的印象。弗朗茨·舒尔茨将这座建筑的原则概括如下："那就是说，校友纪念馆的真正结构，通过抑制而表达出来：你所知道的是看不见的，让你看见你才能看见。密斯的推理是迂回的，但真是非常有密斯的特征。"[2]

这种层次原则在建筑的转角中表现得淋漓尽致。转角是从建筑体量上切出来的。形成一个垂直的槽，一个可以描述为"阴角"的缺口。从这个切掉的角的深处——从前立面上向回退——可以看到第二个突出的钢截面的"正角"，暗示着内核的存在，暗示着里面的承重结构。这个钢衬的槽并没有延伸到地面。而是由底部的砖石砌体形成了一个矩形的角，上面覆盖着金属板。当然，将垂直转角元素从地面升起，有实用方面的原因——例如，防止腐蚀——但是水平的基础板也可以被解读为一个基座，在其上展示着建筑这个"静物"。[3] 许多年前，当密斯在彼得·贝伦斯工作室工作时，就研究过许多类似的阴角细部。[4]

北立面
转角细部
东立面

走廊
门的细部

密斯有着无数的草图，都是用来推敲建筑细节的。立面上的金属元素表示的就是最初树立起来的承重框架，后来被混凝土覆盖，然后又用壁柱的形式在墙上表现出来。这可以视为矿物与金属研究大楼构造的发展。

后续改造

1970 年代早期，在两层高的大厅中加了一层，这样原来的两个画廊就消失了。加了墙体，窗户的开口安装了空调机组。建筑如今处于一定程度的荒废、失修状态。但是，当前提交出来的修复方案都对建筑概念有所影响，尤其是给开放式楼梯加上电梯的提议。

今日视角

密斯曾经公开宣称，这座建筑的目标就是为伊利诺伊理工学院后来的建筑制定建筑语法。回顾一下我们就能看到，十年后密斯的确坚持了他在这座建筑中构想的体系，只是在各处稍微改变了一下。中性的建筑语言有意识地表达了普适有效的建筑原则，而不是强调特定功能的特殊品质。

因此，密斯质疑路易斯·沙利文的"形式追随功能"的名言："当沙利文宣称形式应当追随功能，这更像是他对眼前的东西的反应。今天，我不再相信这真的是一个有约束力的原则。现在我们知道建筑会存续得更久，原来的功能也会变得过时。如今功能变化得如此迅速，因此，正是建筑的灵活性赋予了它存在的价值。在我的观念里，灵活性实际上是我们的建筑重要且特有的元素，而不是它功能的表达。"[5] 对于伊利诺伊理工学院的建筑，他阐述道："我们要建造的是学校建筑，我们不会永远知道它们的用途是什么。所以我们要找到一个系统，让这些建筑用于教室、用于车间，或用于实验室都有可能。"[6]

1 参见 Phyllis Lambert（ed.），*Mies in America*，Montreal，New York 2001，pp.303-313.

2 Franz Schulze，*Mies van der Rohe - A Critical Biography*，Chicago London 1985，p. 226.

3 Wolfgang Kemp，"Ein Werkbeispiel: Eine Ecke von Mies van der Rohe"，出自：*Architektur analysieren - Eine Einführung in acht Kapiteln*，Munich 2009，pp. 65-68.

4 参见圣彼得斯贝格的德国大使馆的转角以及法兰克福煤气厂的入口大门，出自：Carsten Krohn，*Peter Behrens. Architektur - Architecture*，Weimar 2013，p. 100 and p. 128.

5 路德维希·密斯·凡·德·罗与拜尔里斯滕·拉德方克（Bayerischen Rundfunk）的谈话，出自：*Der Architekt*，Vol. 10，1966，p. 324（translation JR）.

6 Ludwig Mies van der Rohe 出自：Moisés Puente（ed.），*Conversations with Mies van der Rohe*，Barcelona 2006，p. 34.

36 威什尼克楼

伊利诺伊理工学院，芝加哥，美国
1945~1946年

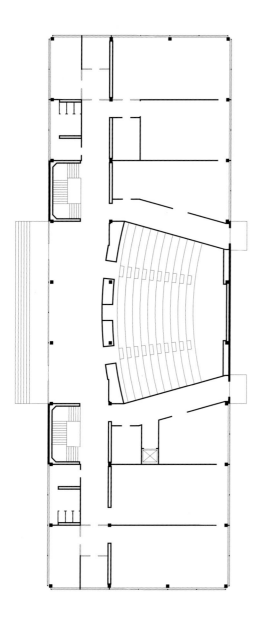

威什尼克楼（Wishnick Hall）即伊利诺伊理工学院化学楼，它是与周围建筑合在一起设计的。建筑采用了与校友纪念馆有意为之的"阴角"完全一样的立面设计和转角细节。楼梯同样地遵循了校友纪念馆当中的那些模式，砖石砌筑的转角布置在45度角处，强调了楼梯平台移动的方向。彼得·贝伦斯在柏林的 AEG 高压工厂中采用了类似的黄色砖砌体手法。[1]建筑长方形的平面将楼梯和礼堂全部容纳在它的外壳之内。这种合并的布置曾经历过一次简化的过程：在最初的校园总平面中，原本标示为两座建筑，礼堂曾经是一个单独的体量，楼梯也位于结构平面之外。

2006年到2008年，对建筑进行了全面的改造。清洁了钢结构，替换了滑动窗。同时修复了铝窗框架，与原来的铝窗极为接近，室内空间改动得更为显著：改变了房间的高度来容纳现代中央空调系统。

1 参 见 Carsten Krohn，*Peter Behrens. Architektur - Architecture*，Weimar 2013，p. 70.

首层平面图

西立面
楼梯

37 中央拱顶

伊利诺伊理工学院，芝加哥，美国
1946年

中央拱顶（Central Vault）是一座变电站，伊利诺伊理工学院的建筑大多将钢和混凝土结构暴露在外，仅用砖作为结构中的非承重墙填充材料，与此形成对比的是，这座变电站是坚固的砖结构。砌体构造就像一片孤叶，承载着一块混凝土薄板，板的边缘浇筑得向下弯折，显得像搭在墙上的有厚度的过梁。两个房间中较小的一间容纳着变电站，较大的一间里放着变压器。这座建筑与邻近的矿物与金属研究大楼之间的室外空间最初有围墙围合，将两个建筑联结成一个连续的带状线脚。

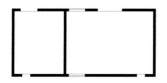

平面图
北立面的细部

38 天然气技术研究所大楼

伊利诺伊理工学院，芝加哥，美国
1947~1950年

天然气技术研究所大楼（Institute of Gas Technology Building）最初设计为带有边缘钢构件的钢结构，但最终采用了更为经济的混凝土结构。结构框架暴露在建筑的外表面，骨架结构的墙板用砌体填充。砖墙覆盖着混凝土带，窗户嵌在其中。通向主入口的室外台阶由天然石材做成，这是一种比表面的混凝土质量更高、更有触感的材料，但是颜色类似，这种材料的运用创造了一种同质的效果。不过，建筑后部的侧楼梯是用混凝土浇筑的。

北立面
通向主入口的台阶

39 美国铁路协会研究实验室

伊利诺伊理工学院，芝加哥，美国
1948~1950年

密斯在伊利诺伊理工学院校园里为美国铁路协会（Association of American Railroads）设计了一组建筑，也成为校园的一部分，延续了之前校园建筑的建筑语言。这些建筑中的第一座是两层的研究和管理建筑，这座建筑精确地符合校园的网格系统，并且坚持了校园建筑的方法原则，只在施工细节上有一点点变化：建筑的转角遵循了校友纪念馆采用的原则，将转角切割成锯齿状，但是没有砌体基座这一特征。这座建筑现在被一所音乐学院使用。

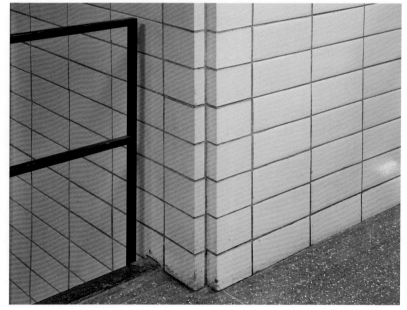

首层平面图
室外转角细部
室内转角细部

40 锅炉房

伊利诺伊理工学院，芝加哥，美国
1948~1950年

伊利诺伊理工学院锅炉房（Boiler Plant）是对一处老设施的更新。密斯围绕着现有的锅炉设计了一座建筑，还设计了它的扩建工程。建筑最初的平面近乎正方形，根据他后来的设计进行了扩建。[1] 方案选择了沿着铁路线的位置，这样能将燃料直接运达建筑。建筑评论家查尔斯·詹克斯（Charles Jencks）后来在一篇文章中将这座建筑形容为一座神圣的建筑，评论中他将这座建筑解释为一座带有独立钟楼的教堂，而校园的教堂，也是由密斯设计的，在他看来很讽刺地像个锅炉房。[2] 锅炉房的室内至今保持不变，为参观者提供了空间体验：布置在不同水平面的平台根据"空间体量设计"原则组织。每一个平台都有着穿过其他水平面的视线。

1　1964年，萨金&伦迪建筑事务所（Sargent & Lundy）将密斯为这座建筑所做的方案向北扩建了6个开间。1964年后期，对该建筑又进行了扩建。
2　参见 Charles Jencks, *The Language of Post-Modern Architecture*, London 1977, p. 14.

上层平面图
首层平面图

从东南侧看建筑
东立面

41 小教堂

伊利诺伊理工学院，芝加哥，美国
1949~1952年

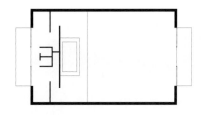

"我们就想做一个盒子，"[1]密斯这样形容他设计的这座唯一的宗教建筑：圣救世主罗伯特·F·卡尔纪念教堂。教堂（Chapel）是整块的砖结构，平面符合黄金分割比。教堂的方位没有遵循传统——信徒从东边进入，圣坛位于西边——而是东边与西边的立面完全相同，只不过一边的玻璃是透明的，另一边是磨砂的。密斯形容这座教堂有着"高贵的特征，由优质材料建造，而且有着优美的比例，"而且，"它是简洁的。但它的朴素不是粗糙，而是高贵，小巧中蕴藏着伟大——实际上，是蕴藏着纪念性。"[2]圣坛由一块坚固的罗马洞石做成。曾经有人建议给圣坛覆盖上保护层，密斯对此不予理会，回应道："圣坛，在我看来，就是一块石头。"[3]教堂包括附属空间，但这些空间布置在一面混凝土砌墙体后面，墙体被一面丝绸幕帘遮蔽起来。幕帘看起来自由地悬挂在空间中，与天鹅绒与丝绸咖啡馆里的方式类似，而从室内能看见教堂所有四面墙，整个顶棚也是一览无余。尽管建筑给人的体验是一个单独的大空间，其实室内被分成了一系列小空间。不同种类的空间转换是相互连贯的：水磨石地面上的一级台阶、一道不锈钢栏杆、一个围绕着圣坛的基座，或者一面幕帘。2008年到2009年，曾对教堂进行过修复。

1 路德维希·密斯·凡·德·罗于1959年与亨利·托马斯·卡德伯里 - 布朗的谈话，出自：*Architectural Association Journal*，July/Aug. 1959, p. 37.
2 Ludwig Mies van der Rohe，"A Chapel - Illinois Institute of Technology"，出自：*Arts and Architecture*，Vol. 1, 1953, p. 18-19.
3 参见注释1。

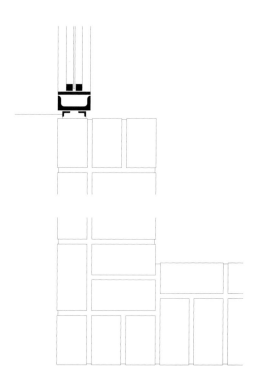

平面图
从西北侧看建筑
转角细部

西立面
圣坛

42 试验间

伊利诺伊理工学院，芝加哥，美国
1950~1952年
已毁

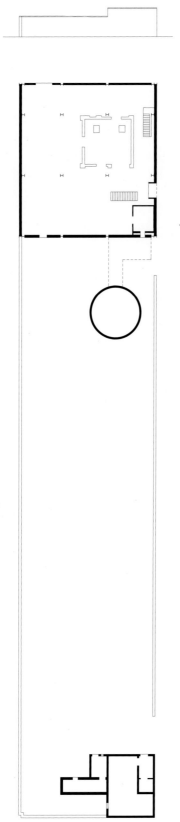

尽管试验间（Test Cell）是一座功能低调的建筑[1]，但它作为总体布局的一部分也是非常重要的。建筑与一道墙合并设计，创造出统一的整体，标志着校园的入口位置。自由矗立的墙是密斯庭院住宅的一个重要元素，在这里，墙的功能则是构成建筑整体所必需的一部分。由于窗户和门开向庭院，人们只能看到一个抽象的体量，它的大小由校园的结构网格决定。这个单元呈现为一个基本三维城市模度。"我相信校园必须有一个统一的设计，"[2]密斯在他的规划概念遭到更改时曾这样评论。该建筑在2009年被拆除。

1　关于这座覆盖着砖的混凝土结构建筑能从互联网上找到很多资料，尤其是在爱德华·里弗森（Edward Lifson）的文章中，关于该建筑的用途，我们所知的是它曾设想用于冷战期间的武器试验。
2　路德维希·密斯·凡·德·罗于1964年与凯瑟琳·库的对话，出自：*Saturday Review*，23 Jan.1965，p.61.

立面图
连带锅炉房的平面图

43 机械研究楼

伊利诺伊理工学院，芝加哥，美国
1950~1952年

机械研究楼（Mechanics Research Building）被精简为仅有几个构件，以一种极简化的形式复制了旁边的天然气技术研究所。省去了连贯的基座，也省去了砌体填充板上包裹的混凝土。在这座建筑中，填充砌体面覆盖着一层钢板，形成带状窗的底座。填充墙的砖砌法也很简洁。建筑的室内布置后来被更改过。建筑后来根据最初规划向北扩建，不过是由其他建筑师设计的。

东立面

44 克朗楼

伊利诺伊理工学院，芝加哥，美国
1950~1956年

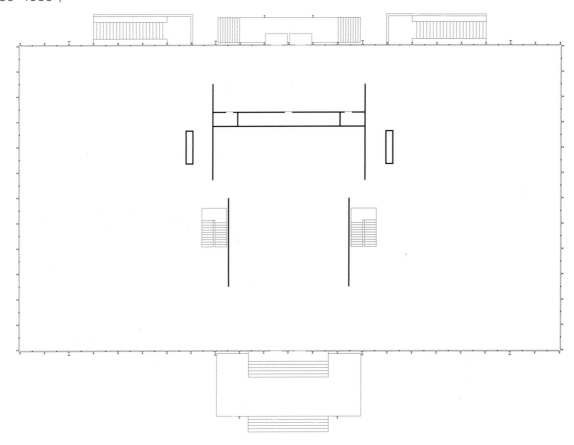

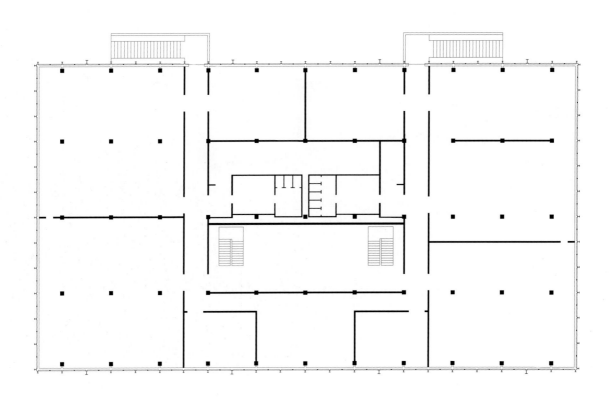

大厅平面图
地下层平面图

主入口
从西南侧看建筑

克朗楼（Crown Hall）在伊利诺伊理工学院校园所有的建筑中独树一帜。它用钢和玻璃做成，由建筑系使用的大厅是完全开放的，建筑极其简洁，简化到只剩下结构的程度，传达出一种极度清晰的庄严感。它220英尺×120英尺（67.01米×36.58米）的尺寸也背离了运用于校园其他建筑中的24英尺×24英尺的网格。基本的结构只包括8根柱子，以120英尺×60英尺（33.50米×18.29米）的间距布置，支撑着4个厚钢板大梁，上面悬挂着屋面板。"对于这座建筑系的建筑，我偏离了网格"，密斯叙述道。"我认为建筑系的建筑是最完整、最精确的建筑，也是最简洁的建筑。如果说其他建筑是在更经济的水平上体现出更具实用性的秩序，那么在建筑系的建筑中，它体现的更是一种精神的秩序。"[1]

这种"精神秩序"与建筑的用途直接相关，因为密斯要在这座建筑中授课。他在芝加哥所做的建筑系主任就职演说上，已经强调了哲学方面的教学目标。建筑物艺术的教育——他更愿意用建筑物这个词而不是建筑——必须带领我们"从不负责任的观点走向负责任的见解，"并且"带领我们从偶然性与随意性达到精神秩序的清晰合法性。"[2]这就是这座建筑必须展示的。它体现了一种态度，即力图反映当时重要建筑的地位。

这座建筑的重要性在靠近它时的那种仪式感上就已经显而易见，简直像一座宗教建筑。人们登上一条洞石台阶，来到一个悬挑平台，这座平台像一个码头，漂浮在建筑前。在进入建筑之前，人们已经可以透过玻璃的前立面看到大楼内部那广阔的空间，那里没有一根柱子。室内唯一的墙体布置得家具一样，独立在空间之中，作用只在限定不同的空间区域：两边是学生工作间，中央是展示空间。这个通用空间最初还包括一个办公区和图书馆。"我居住于此，工作于此，非常美妙，"密斯这样描述。"我喜欢在这座建筑里面工作。从来没有声音的干扰，（除了）教授情绪化的时候，那是他的不对。否则没有任何干扰。我们一起组成团队进行工作。"[3]

克朗楼毫无保留的开放性其实是因为更为传统的地下层才得以实现的，通过向下的楼梯便可到达地下的房间。这里的空间布置更为世俗化，有封闭的房间、门、走廊和卫生间，也选择了更加传统的材料，比如混凝土砌块隔墙。这一层由绕其一周的半透明玻璃带形窗采光，最初，设计系是位于这一层。

上面的大厅中继续沿用着这种磨砂玻璃带形窗。只有上部的玻璃墙以及入口区的玻璃是透明的，而工作间带有一种更为隐蔽的特征。人们在室内可以仰望树顶和天空。密斯在先前1927年所做的玻璃房设计中就试验过半透明玻璃的效果，并记录道："不透明的玻璃墙给了房间一种奇妙的温和而明亮的感觉，（而且）在晚上（呈现）为一个巨大的发光体，甚至能够成为灯饰。"[4]

玻璃板为10英尺或5英尺宽（3.05米或1.52米），

东立面
入口楼梯
大厅

大厅
楼梯细部

符合结构网格模度以及水磨石地面网格金属分隔条 5 英尺 ×2 英尺（1.52 米 ×0.76 米）的间距。地板上铺着弗吉尼亚黑与田纳西灰相间的大理石。自由树立的隔墙是由阿巴拉契亚白橡木和普拉特和经特殊染色的兰伯特橡木做成的，钢结构涂刷着密斯常用的高级石墨 30 亚光黑，这是一种由底特律石墨公司开发的标准产品，全世界的桥梁都在使用这种产品。

密斯用克朗楼展示了一种开放平面通用空间的类型概念。他以前曾经建造过规模较小的无柱结构，例如波茨坦的体育馆或巴塞罗那展览会的电气馆，但在克朗楼中，结构成为了最主要的元素。克朗楼的支撑结构与布置在屋顶板上的巨大钢板大梁清晰可见，连外行都能立刻看懂。在室内反而看不见结构。悬挂的顶棚看起来甚至像是漂浮的，尤其在逆光的时候。它一直延伸到周边的玻璃，似乎处于连续的运动当中。因此，室内外的构造处理也非常不同。在室外，厚重的"I"形竖框有节奏地断开，形成外部形象的特征，但这在室内并不明显。

建筑严格对称的构成和楼梯的布置让人想起申克尔的柏林老博物馆，但两座建筑在中央空间的构思上是不同的。在柏林老博物馆中，中央空间是集中的，并汇聚于一点，上部是穹顶，而克朗楼的中央区域的特征是一种虚空感，吸引着人去穿过它。柯林·罗将这种现象描述为"屋顶的平板形成一定的向外拉伸感；而且，由于这个原因，尽管入口门厅是一个活动集中的地方，空间仍然引导着大学生们分散到周围，虽然是以非常简洁的形式，但并不是真正的帕拉第奥式或古典平面主导的集中式构成。"5

尽管密斯最初已预见到会安装空调系统，但建筑一开始只是用安装在悬挂顶棚里的排气孔进行机械通风。水磨石地板下面安装了地暖，使用百叶窗来调节太阳辐射。当年的一名学生彼得·贝尔泰马奇（Peter Beltemachi）回忆道："从前，赫伯赛摩整天走来走去调节百叶窗。赫伯赛摩和密斯绝对懂得光线控制，因为当他们调整百叶窗时，很多时候是让光线向上照到顶棚上，不让光照到桌子上。我们今天还在探讨这个话题，但当时这是众所周知的。仅用调节软百叶窗来控制光线是百叶窗最初用途的一部分。赫伯赛摩对这座建筑的管理非常严格。不能踩踏家具，不能放音乐，不能抽烟。就像旧时的学校。学生们还会打着领带来上课，赫伯赛摩1967年去世时，也是软百叶窗的职责终结之时。"6 下一阶段的建筑更新将包括安装计算机系统来调节百叶窗。

后续改造

1970年代，由 SOM 建筑事务所承担了更新的工作，大楼的墙板被重新布置，玻璃也被更新了。建筑法规后来发生变化，要求安装更厚的窗玻璃板，而且安装空调系统需要更改屋顶。临近1980年代末时，设计研究所

大厅
地下层
卫生间

腾出了地下层，地下空间进行了调整，整座建筑都归建筑学院使用。2005 年，Krueck&Sexton 建筑事务所与修复专家贡尼·哈尔伯（Gunny Harboe）协作，承担了最全面的修复工作。在这次修复中，恢复了原来玻璃板基部的通风孔的功能。[7]

今日视角

克朗楼仍旧按它最初设想的用途被使用着。室内空间提供的最大化的灵活性证明了它的价值，各种不同的用途在这里得以实现，包括一场毕加索作品的展览和一场艾灵顿公爵及其管弦乐队的音乐会。但是密斯在说到这座建筑表达了"精神秩序的清晰的合法性"时，他在暗指什么？对密斯来说，这指的是圣奥古斯丁（Saint Augustine）的名言"有秩序的东西都是美的"，他在自己的作品中反复强调的名言。[8]圣奥古斯丁区分了可以感知的品质与恒久不变的法则，比如对称、数量以及统一。密斯写道："我们必须真正去探究，如果两个窗户不是一上一下布置而是并排布置，但其中一个比另一个大一点或者小一点，我们会觉得不舒服，那原因是什么？因为它们本应是平等的；但如果它们是正好一上一下布置，即使它们的样子不同，我们也不会感觉这不平等让我们不舒服。……因此如果我问，当一座建筑已经建了一个拱门，为什么在另一侧会建一个一模一样的拱门，他会回答，我认为，建筑同样的部分对应同样的部分，这是一种秩序。"[9]

与伊利诺伊理工学院的其他建筑对比，克朗楼的建筑结构并不是将所需空间罗列出来的产物。单独的元素仅仅作为建筑本身逻辑与秩序的产物而连接在一起。密斯相信这种秩序的连续性，引用道"秩序意味着——根据圣奥古斯丁所说——'平等和不平等东西的排列，让每一样东西各归其位'。"[10]

1　路德维希·密斯·凡·德·罗与格雷姆·沙克兰的对话，出自：*The Listener*，15 Oct. 1959, p. 620.

2　路德维希·密斯·凡·德·罗，建筑系主任就职演说，1950 年，出自：Fritz Neumeyer, *The Artless Word - Mies van der Rohe on the Building Art*, Cambridge, Mass. 1991, p. 316.

3　密斯·凡·德·罗与亨利·托马斯·卡德伯里 - 布朗的谈话，出自：*Architectural Association Journal*，July/August 1959, p. 38.

4　路德维希·密斯·凡·德·罗，出自：*Das Kunstblatt*, No. 3, 1930, pp. 111-113. 英文译文出自：Fritz Neumeyer, *The Artless Word - Mies van der Rohe on the Building Art*, Cambridge, Mass. 1991, p. 305.

5　Colin Rowe, "Neo- 'Classicism' and Modern Architecture II"（写于 1956 ~ 1957 年，第一次发表于 1973 年），出自：*The Mathematics of the Ideal Villa and Other Essays*, Cambridge, Mass. 1987, p. 149.

6　Peter Beltemachi 出自：lynnbecker.com/repeat/mies/crowndeclinerebirth.htm.

7　参见 Elizabeth Olson, "S.R. Crown Hall" in: docomomo-us.org/register/fiche/sr_crown_hall.

8　参见 Fritz Neumeyer, *The Artless Word - Mies van der Rohe on the Building Art*, Cambridge, Mass. 1991, p. 317.（圣奥古斯丁："因为有秩序的东西都是美的", *De vera religione*, XLI 77.）

9　St. Augustine, *De vera religione (On the True Religion)*, XXX 54-55 and XXXII 59.

10　路德维希·密斯·凡·德·罗，"前言"，出自：Ludwig Hilberseimer, The New City, Chicago 1944. 转载于：Fritz Neumeyer, *The Artless Word - Mies van der Rohe on the Building Art*, Cambridge, Mass. 1991, p. 323.

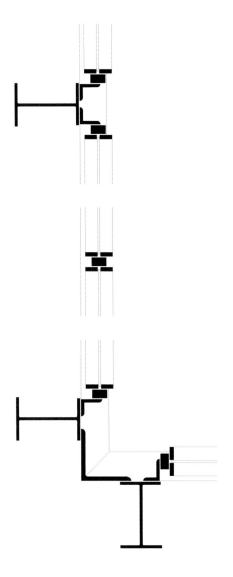

45 伊利诺伊理工学院学生宿舍

伊利诺伊理工学院，芝加哥，美国
1951~1955年

学生宿舍（IIT Halls of Residence）的三座公寓塔楼是作为一个整体设计的，分别是卡曼楼（Carman Hall）、贝利楼（Bailey Hall）和坎宁安楼（Cunningham Hall），三座建筑包围着一片开放的室外区域。钢筋混凝土的结构与后来的海角公寓（Promontory Apartments）有着相同的构造与细部：结构框架向着顶部逐渐变细，垂直构件每隔几层就适当后退。柱子根据承担的荷载不同铰接的方式也不同，内部截面呈十字形。金属窗户直接安装在外围的混凝土柱上，按照现在的标准看，没有采用足够的隔热或防噪声措施。然而，在更加全面地改造之前，贝利楼最上面几层的窗户被更换，这改变了建筑的特色。

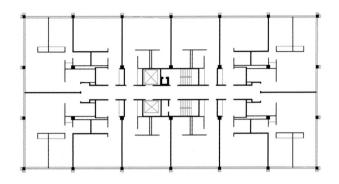

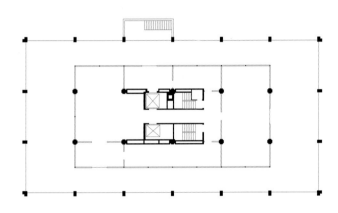

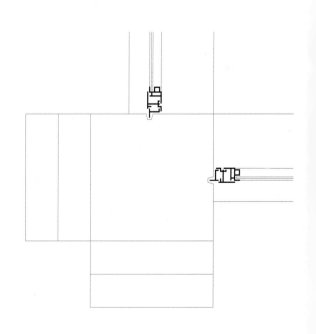

卡曼楼上层平面图
卡曼楼首层平面图
转角细部

贝利楼
贝利楼和坎宁安楼

46 美国铁路协会机械实验室

伊利诺伊理工学院，芝加哥，美国
1952~1953年

美国铁路协会机械实验室（Association of American Railroads Mechanical Laboratory）要设计得足够大，因为要容得下火车车厢驶入，它遵循了矿物与金属研究大楼同样的结构原则。这座建筑中，尽端墙也在建筑的剖面布置上显示出不同的楼层配置，建筑东面是多层断面，有一个贯通整个建筑高度的大厅。典型的框架结构，砖墙并不承重。尽管这是一座工业建筑，但密斯将楼梯间的细部做得有如著名的艺术俱乐部或后来的克朗楼那样精致。大厅现在被芝加哥运输管理局所用，旁边矗立着一座小建筑来容纳一个压缩机。

首层平面图
北立面
楼梯细部

47　食堂及商店服务楼

伊利诺伊理工学院，芝加哥，美国
1952~1954年

主要的食堂建筑是一个巨大的钢结构大厅。作为一座单层建筑，结构不需要防火保护层。基本结构框架裸露着，装饰与设备做到极简：窗框架直接连在柱子的宽翼"I"形竖框上，它们之间的填充墙不是砌体便是玻璃。在内部，厨房与服务区布置成空间中独立的核心。在主餐厅旁边，有书店、邮局、诊所和杂货店。2003年，对建筑进行了扩建，增加了麦考密克礼品校园中心，由雷姆·库哈斯设计。尽管环境日渐拥挤，大厅仍旧保留着原来的开放特征。

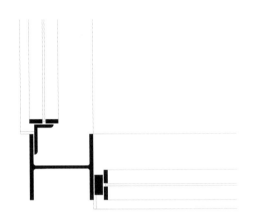

细部
外部视角
内部视角

48 电气工程与物理楼

伊利诺伊理工学院，芝加哥，美国
1954~1956年

电气工程与物理楼（Electrical Engineering and Physics Building）为天然气技术研究所使用，由钢筋混凝土建造。框架结构之间由顺砖砌法的砌体填充。这个砖砌体有一砖厚，布置得与承重结构的外表面平齐，强调了填充墙不承重的特征。一条阴影线标志着承重与非承重元素之间的划分。建筑有一种没有主要立面的感觉，前或后是不清晰的：在建筑的所有面上，结构都以相同方式呈现。建筑非常符合校园网格，宽3个模度，长9个模度。结构框架用明显可见的网格线连接，可以视为一个示意图，不仅勾勒出建筑的内部结构，而且显示了周围整个群体的结构。直到1970年代末，建筑中都放有第一个工业核反应堆。后来建筑被扩建，较大的玻璃板中，大多数被替换成了小窗格。

立面
建筑转角

49 美国铁路协会工程实验室

伊利诺伊理工学院，芝加哥，美国
1955~1957年

美国铁路协会工程实验室（Association of American Railroads Engineering Laboratory）大厅与旁边的机械实验室对齐。这座建筑宽1开间，长正好是宽的两倍。这座建筑的大厅也用了裸露的钢结构，有一个非常大的开口足以容纳火车车厢，大厅旁边也建有一座小体量的建筑。两个大厅的位置彼此相对，这是由铁路轨道线决定的。大块的玻璃立在同样的墙板上，赋予建筑一种抽象的、几乎是石块一样的形象。后来北面的扩建模糊了建筑最初体量的清晰性。该建筑现在被芝加哥交通运输管理局使用。

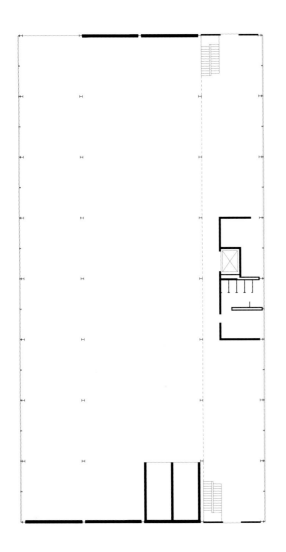

首层平面图
在校园里看建筑
入口

50 西格尔楼

伊利诺伊理工学院，芝加哥，美国
1955~1958年

西格尔楼（Siegel Hall）与旁边的威什尼克楼以及电气工程与物理楼一起形成一个大门，见102页的基地平面图所示。[1]西格尔楼和威什尼克楼这两座几乎一样的建筑相邻而立，毗连校园中央的一片开放地带。两座建筑的平面稍微不同，基本空间配置与布置在总平面中央的一个礼堂建筑相同。尽管西格尔楼几乎是在威什尼克楼建成十年后建造的，但设计几乎没有变化，证明了密斯特意坚持的建筑语言连续性。这一对本质上一模一样的建筑体量布置在一起，强调了规划布局。现在，这座建筑比最初规划时显得更加孤立。

1　这个大门的位置是1939年最初规划的一部分，但是没有得到实施。参见 Philip Johnson, *Mies van der Rohe*, New York 1947.

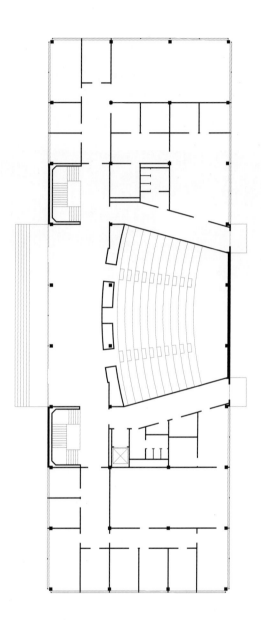

首层平面图

南立面
建筑转角

51 范斯沃斯住宅

普莱诺，伊利诺伊州，美国
1945~1951年

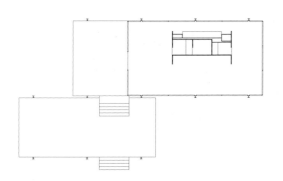

这座建筑位于一个公园一般的基地中，毗邻河岸，处于一片郁郁葱葱的丘陵乡村景观当中。即使远远望去，范斯沃斯住宅（Farnsworth House）也散发着水晶般透明而纯净的气质。这是密斯为一位女医生设计的周末别墅。它原本可以建在一个地势高一点、离河远一点的位置，但密斯解释说："我们讨论了两个位置的优势和劣势，我向范斯沃斯医生提议建在离河近一些的地方，那里有美丽的古老树林。她担心河水会泛滥，但我仍然坚持这个位置，因为我想（问题可能）总有这样或那样的办法解决。"[1]

密斯曾力图获取历史上最高水位的官方记录，但被告知没有此类记录，他应该向该地区的老居民咨询。于是密斯在泛滥平原上构思出一座将地面抬高到支柱之上的建筑，保证地板平面高于所知的最高水位。在描述这个结构时，密斯解释道，"地板和屋顶不是直接支撑起来的，而是悬挂起来的，"还补充说他将这视为"在这样的条件下正常的做法"。[2] 后来他向业主强调，自己只有在设计全权自由的条件下才会承接这个项目。"她问我是否有想法了，在环顾了各个方向的各种景致后，我说：'如果我要在这里为自己建造住宅，我肯定会用玻璃建造，因为所有景观都是这么漂亮，很难确定更喜欢哪边的景色。'"[3]

住宅位置恰处于一棵成熟的枫树北面，树荫为住宅遮挡了夏日正午的阳光。尽管所有方向的立面都是开放的，但所有视角都是经过精心构思的。涂刷成白色的钢结构就像万能的画框。"从清晨到夜晚我都待在房子里。我无法描述真正的自然是多么丰富多彩。因此必须小心地在住宅中运用中性的色彩，因为外面已经非常多彩多姿了。而且这些色彩变幻莫测。"[4] 密斯选择了用罗马洞石铺地，纯山东绸作窗帘，浅色的艳阳木薄片包裹内部家具和辅助空间。

内部功能房间自由矗立，就像一件家具布置在空间中，周围的墙没有延伸到顶棚。门模仿着碗柜的样子，从外表简直看不出里面竟是浴室。

住宅的结构设计看起来异常简单。整个结构似乎只包括两个元素：垂直的宽翼"I"形竖框作为柱子直接插进地面，柱与柱之间悬挂着水平的板。尽管屋顶和地板是各自采用了几种不同元素的复合结构，但它们呈现出来的形象是一块同质的板。复杂的技术设施被隐藏起来。屋顶板中的落水管将雨水导入建筑中央再排出，地面板中埋藏着盘绕的地暖。承重构件之间的连接方法也同样被隐藏了起来。

围绕着地面板与屋顶板的一周，有一条 U 形结构管，与垂直的柱子焊接在一起。窗户框架用精确切割的矩形钢条组装而成，与结构槽钢和垂直支撑用隐蔽焊缝连接在一起。窗户玻璃的转角截面采用角焊接，焊缝本身用尾端件隐藏起来，或者煞费苦心地用砂纸打磨掉痕迹。外观上唯一能看得出来的安装件是玻璃卡子上的螺丝，用于安装和固定玻璃板。从工程的角度，这并不是一种特别抗腐蚀的构造，需要相当费事的保养来抵抗腐蚀。有接近一半的材料必须使用传统的空心窗，但对密斯来说，用坚固的钢条构件来勾勒清晰的轮廓是极为重要的。他以一种石匠的准确性将一条条轮廓线精心地组合在一起。

后续改造

因为不断遭遇洪水，室内的木制配件不断被损坏和修复。最近

平面图

室内
厨房

阳台
河边景色

业主又要求维修一个柚木衣柜，没有修成原来的样子，但这从来不是密斯的意愿。密斯没能说服业主把室内当作一个橱柜使用。有意思的是，一些原初配件的损坏使沿着整座建筑长边的连续景观得以呈现出来，这正是密斯最初的设计意图，但当时业主没有采纳，而是要求围绕平台再安装一道纱窗，现在这个纱窗被拆掉了。德克·罗翰（Dirk Lohan）后来在地板上壁炉的位置设计了一个抬高的灶台。从室内就能看见河流上建造了一座新桥，道路因此改变，抵达住宅的交通更加便捷。

今日视角

这座住宅的设计是如此简洁，以至于它看起来几乎像一个图示。就好像除了真正必要的，其他的一切都被根除，只留下建筑的结构在此树立。尽管建造材料还可以更少，范斯沃斯住宅看起来已然异常得轻盈。由于地平板从地面上抬升起来，悬挂的地板看上去几乎是漂浮着的。这是一种能够切实感受到的感觉。参观者通过一段开放的楼梯到达平台，周围没有栏杆，使得平台表面有一种延伸的感觉。

彼得·埃森曼（Peter Eisenman）曾经评论道，虽然尺度相同，但应该从概念的角度对地板和屋顶板有不同的理解，因为地板下有一个更低的平台。洞石铺地的地板可以理解为一个基座，而屋顶板像一把伞覆盖着空间。[5]埃森曼将范斯沃斯住宅描述为一个"伞的图解"，因为柱子布置在平面之外。他将这座住宅与勒·柯布西耶的多米诺住宅对比，后者也是一个图解的概念，运用了"三明治"原则，使两块同样的板互相交叠。勒·柯布西耶的柱子布置在平面之内，强调了空间的水平连续性，而密斯的柱子立在外面，框住了建筑。

同时，密斯的设计竭尽所能地消解框架的概念。柱子的顶端正在屋檐顶部之下，不仅布置在建筑之外，而且离建筑转角很远。与此对比的是菲利浦·约翰逊建于1949年的玻璃房：柱子顶端与屋顶相接，而且更重要的是，柱子布置在转角之处，强调了建筑的立方体几何形状，但同时模糊了它的构造清晰度。密斯不屑与这位同行的工作相提并论："他不断到这里来，仔细探问所有的细节并复制它们。他在细节上所犯的错误是因为他没有精心制作，而是选择到处打听。"[6]

虽然范斯沃斯住宅形式严谨，极度简洁，但它绝不仅是一个示意图。各水平层之间互不对称地布置，而且室内的入口也轻微地由中央轴线向南偏离。

在这里，极简化本身并不是目的，而是一种方法，用极简的建筑来感知更加丰富的环境。这是一种精神维度，如密斯所描述的："自然也应当有它自己的生命，我们不应该用我们的房子和室内的色彩去破坏它。但是我们应该尽力将自然、住宅和人类更好地统一起来。当你透过范斯沃斯住宅的玻璃墙看到自然，自然就得到了一种比在室外欣赏更深的意义。我们可以从自然中获得更多，因为建筑成了更广阔的整体的一部分。"[7]

1 路德维希·密斯·凡·德·罗，引自：Franz Schulze and Edward Windhorst, *Mies van der Rohe: A Critical Biography*, Chicago, London 2012, p. 251.
2 同上，第258页。
3 同上，第250页。
4 路德维希·密斯·凡·德·罗与格雷姆·沙克兰的对话，出自：*The Listener*, 15 Oct. 1959, p. 620.
5 Peter Eisenman, "The Umbrella Diagram", 引自：*Ten Canonical Buildings 1950-2000*, New York 2008, pp. 50-70.
6 Ludwig Mies van der Rohe in conversation with Dirk Lohan, Manuscript MoMA (translation JR).
7 路德维希·密斯·凡·德·罗与克里斯滕·诺伯舒茨的对话，出自：Éditions de l'Architecture d'Aujourd'hui, *L'œuvre de Mies van der Rohe*, Paris 1958, p.100.

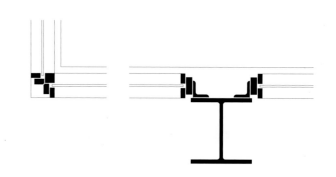

细部

从入口看建筑

52 海角公寓

芝加哥，伊利诺伊州，美国
1946~1949年

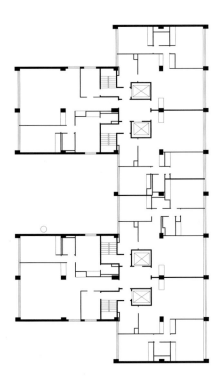

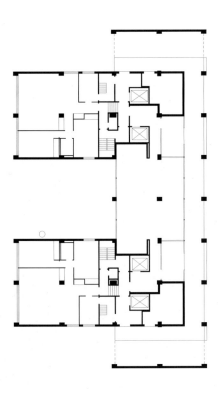

这是密斯第一座建成的高层建筑，位于一个湖边的基地，其特征是有着巨大的窗户，可以俯瞰密歇根湖的全景。湖边的这一处位置有着公园式的景观，密斯在这个公园中实现了具有典型现代主义观感的高层塔楼。然而，建筑并不是孤立的，而是形成一个双"T"形的平面，让现有的城市街区更加完整。这种形式的布局占据了整个基地的宽度。由于建筑的南面和北面会建造相邻的建筑，所以在这两个方向的侧墙上没有开窗。在面对着湖的东面，整座建筑立面布满了玻璃窗，窗户高度直达公寓的顶棚。

建筑分为三个部分：一层带有玻璃的入口大厅，从 20 层的塔楼主立面后退，形成一个屋檐区。建筑顶部有两个突出的体块，容纳着技术设备，其下是一个集体使用的房间，叫作"日光浴室"，玻璃立面朝向着湖。从湖的方向看去，建筑就像一个巨大的矩形板，由一排柱子从地面抬起来，建筑朝西的背面那两个突出的部分形成了一个更为传统的庭院立面图。

建筑由两个"T"形组成，两个"T"形各自独立，有各自的住户、货梯和消防楼梯。每个公寓都有两个入口：一个是主入口，另一个是直接进入厨房的入口。进入公寓后，有一个橱柜作为房间的分隔，阻隔了直接看到起居室的视线。穿过狭窄的入口，视线突然开阔，进入开放的中央起居空间，旁边连着用餐区。平面设计中避免了长走廊的设置。

建筑的结构异常清晰，为混凝土框架结构，结构骨架暴露在外。钢筋混凝土柱子之间的开放部分用砖墙填充。暴露结构中的垂直构件每隔五层稍微向里后退，这样看起来柱子的垂直边向上越来越纤细。这种构造上的清晰度不仅反映了荷载逐层递减，也展现了设计混凝土高层建筑的典型的密斯式方法，他后来的作品中不断地展现着这种方法。

建筑的特征是由它的结构赋予的。通过在建筑的表面展示结构系统，表达了结构的真实性和简洁性。砖填充墙采用顺砖式砌筑，这也表明了砖墙的非承重特性。立面上的砖砌体——与伊利诺伊理工学院建筑中的砖砌体颜色相同——是简单的单层墙，而内层墙和内部隔墙则采用大块的混凝土砌块。建筑细部极为精致，在入口大厅和高质量的铝合金窗型材上表现得尤为明显。

后续改造

由于建筑内没有安装空调，一些居民开始在窗下的砖墙上开洞。1960 年代中期，密斯曾要求为装在墙上的空调机组进行统一定位设计。虽然他的设计逐渐实施，但后来又有一些洞口偏离了规则的图案。密斯后来也为一层地面的改造做了一个设计。[1]1990 年代，在建筑的改造工作过程中，一层地面还是变样了。

今日视角

当这座建筑还在建造中时，密斯已经与业主赫伯特·格林沃尔德（Herbert Greenwald）开始了另一个项目的合作，即湖滨大道的两座玻璃高层塔楼。直接对比这两个项目，海角公寓似乎更为传统。最初公诸于世时，只展示了湖边立面的照片，看起来就像自由矗立着的板楼。虽然钢成为密斯偏爱的建筑材料，但这座建筑仍然是他的作品发展的必要关键点。暴露的混凝土结构向着建筑顶端

上层平面图
首层平面图

东立面

逐渐后退的方式在他后来的建筑中得到频繁使用。

　　建筑的另一个创新点是采用了合作居住的模式："在一个'合作社'中，公寓以分享、合作的方式被占有和使用。也就是说，股东从建筑合作社中租赁单元。"[2]建筑师、结构设计公司和开发商都在承担这个项目的过程中获得了关于高层结构的有价值的知识，这座建筑标志着下一步合作的开始。

1　参　见 Anthony P. Amarose，Pao-Chi Chang and Alfred Swenson，"National Register of Historic Places Registration Form: Promontory Apartments"，historic monument report，Chicago 1996，p. 4："另一个变化包括翻修一层，增加两个收发室，每侧一个，取代了原来的自行车房，将北面的自行车房改为接待室。位于入口门廊处的邮箱移至收发室。这些对门厅的改造大约于 1965 年实施，其中主要的部分都在密斯的草图上表示出来。"（gis.hpa.state.il.us/pdfs/201012.pdf）
2　Franz Schulze and Edward Windhorst，*Mies van der Rohe: A Critical Biography*，Chicago，London 2012，p. 279.

从室内向东看
立面细部
玻璃窗细部

转角细部

53 阿冈昆公寓

芝加哥，伊利诺伊州，美国
1948~1950年

阿冈昆公寓（Algonquin Apartments）的6座塔楼是密斯以前所做的一个设计的演变。但是，他原来的设计没有得到实施。[1] 密斯工作室与名为 Pace Associates 的建筑公司合作，根据在附近的海角公寓中使用过的相同技术，设计了一系列混凝土框架独立式塔楼。这套建筑中，柱子同样每隔几层就后退一些，于是结构框架看起来越接近顶端越细长。由于这个项目的开发商赫伯特·格林沃尔德和密斯都开始专注于另一处位于湖滨大道基地上的项目，Pace Associates 公司的创始人查尔斯·巩特尔（Charles Genther），也是密斯的一个学生，就任了阿冈昆公寓设计负责人的职务。但是包含6座塔楼的总平面图最终建成表单显示，Pace Associates 公司和密斯都是项目的设计者。

1 关于该设计深化的过程参见: Franz Schulze（ed.）, *The Mies van der Rohe Archive*, vol. 14, New York, London 1992, p. 8, 以 及: Franz Schulze and Edward Windhorst, *Mies van der Rohe: A Critical Biography*, Chicago 2012, pp. 383-385.

基地平面图
西北方向的视角

54 芝加哥艺术俱乐部

芝加哥，伊利诺伊州，美国
1948~1951年

芝加哥艺术俱乐部（Arts Club of Chicago）是对一座现有建筑的改造。[1]对密斯来说，这种情况是罕见的，但是作为俱乐部的一员，他免费提供了设计。他建造了一个玻璃门厅，内有刷成白色的钢楼梯，独立于空间中，犹如一座雕塑。踏板上铺着黑色地毯，通向上面的一个画廊空间。密斯设计了这个门厅的全部细节，并且选择了家具。不过，在1990年代中期，这座建筑被拆除了，但是楼梯被保存了下来，后来被重新安装在另一座建筑——麦考密克住宅中。但是，雕塑般的楼梯在这里原本是密斯设计的空间序列的一部分。而在后来的麦考密克住宅中，只是把楼梯原本材料的钢结构转移到新的位置上，环境既已改变，留住的只是一个碎片。

1 参见：Franz Schulze（ed.），*The Mies van der Rohe Archive*，vol. 14，New York，London 1992，p. 224-225.

55 湖滨大道860-880号公寓

芝加哥，伊利诺伊州，美国
1948~1951年

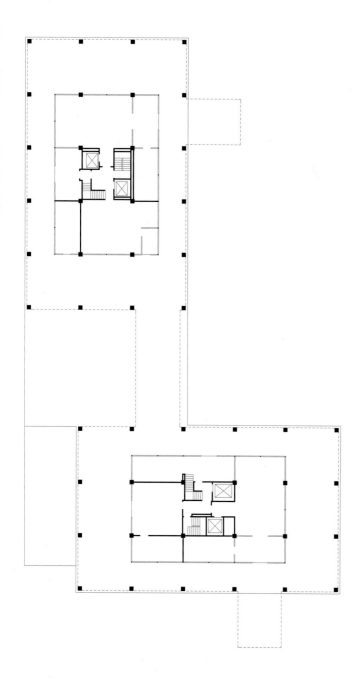

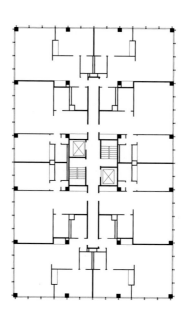

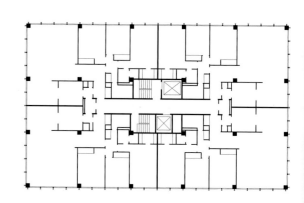

首层平面图
上层平面图

这两座密歇根湖畔的玻璃塔楼像是被激进的极简主义剥去了外衣，只留下了必要的外壳矗立在那里。人们能够看到的全部就是建筑的结构骨架。建筑与结构的合二为一让两座塔楼的整个立面都成了玻璃的，这既为内部房间提供了最好的采光，又给居民提供了最好的景观。这种对最大功效的追求还体现在极为昂贵的基地上采用了特别经济的结构方法。

密斯在 1920 年代初第一次发表的文章中首次阐述的愿景在这座塔楼中得以实现："只有建造中的摩天楼能够展示出大胆的结构思维，高耸的钢骨架有着压倒性的印象。随着墙的铺升，这种印象被完全破坏了；结构思维——艺术赋形的必要基础被废止了。……但如果采用玻璃，当作不再承重的外墙，这些建筑新奇的结构原则就能明确地显现出来。"[1]

塔楼中的公寓最初被设计成完全开放的，只有浴室是唯一封闭的房间。不过，公寓施工时的平面图含有几个房间：北边塔楼每层有 8 个小公寓，南边塔楼每层有 4 个大公寓。以入口为核心，围绕着由服务房间组成的区域，这样一来，起居空间的划分用需要的轻质隔墙便各不相同。在大公寓中甚至有供商贩出入的第二入口。"我们采用了灵活性的原则，"密斯描述道。"我们必须将浴室和厨房固定在一个地点，但其他空间是非常灵活的，我们可以把墙移开，也可以增设更多的墙。"[2]于是建筑中置入了改变的可能性。

两座塔楼的体量完全一样，互相垂直布置。二者都从地面高高耸起，首层连在一起。两座塔楼坐落于一个洞石平台上，让人感觉它们是一个单一的实体，但事实是，随着视线方向的变化，它们的外观也是变化的。当人绕着建筑组合移动时，它们可谓一步一变：在此处人们看到的是两座瘦长的塔楼，在另一个角度，两个立面则混合成连续的肌理。

连接在外立面上的竖直宽翼"I"形竖框轮廓是非常重要的元素，因为它们投下阴影让塔楼形成了浮雕般的轮廓。当太阳位置变化时，这种效果尤为强烈。非常像中世纪教堂的壁柱，利用钢的轮廓勾勒出了墙体。它们不仅体现了垂直荷载的分布，同时也有一种构造上的功能。从一侧看，成排的"I"形竖框那"挡风片般的特征"[3]使墙显得像一块整体，强调了矩形体块抽象的实体特性。同时，塔楼看起来又很轻盈。对密斯来说，一座纯粹的玻璃建筑有着帆船一般的特征。[4]

湖滨大道 860-880 号公寓（860-880 Lake Shore Drire）的结构框架必须符合芝加哥城市高层建筑标准，而建筑坐落于木桩基础之上。密斯曾经在海角公寓项目中使用过钢筋混凝土，但那座建筑并不是完全由玻璃围合的。在他眼中，给结构包裹上一层钢筋混凝土是"没有意义的"[5]，但防火要求规定多层钢结构建筑必须有阻燃保护层。由于这个原因，结构的钢构件必须

从东南方向看建筑
室外区域

湖滨大道860号
从室内望向北方的景色

被包裹在混凝土外壳中。密斯决定挑战建筑的表皮细节，用一种方法来传达钢结构建筑精巧的特征。他选择用钢外皮给混凝土外壳加上封套，然后将"I"形梁纵梁架在外层。这种常见的钢材截面在用作一种装饰垂直构件时表现出了装饰性的特征。

"但我们不是在装饰。这是结构，"密斯很快就提醒我们："首先，我现在要告诉你真正的原因，然后我会告诉你它本身好在哪里。竖框在建筑的其他部分也装配了，保持并延续它们的节奏是非常重要的。转角柱的模型没有加上钢型材，我们看着它就觉得不对。然后，还有一个理由是需要用这些钢型材来加固金属板，金属板是转角柱的覆层，所以这层板不能产生波动，而且当型材吊装到所在位置时也需要加固。当然，刚才这个理由是一个非常好的理由，但其他理由才是真正的理由。"[6]

后续改造

因为这两座建筑相当于试验模型，结构在技术上并不成熟。铝合金窗上部的窗格可以打开以便居民们清洁窗户。但这个装置显露出了问题，因为在恶劣天气里塔楼不仅有显著的摇摆，而且漏雨。[7] 于是在1970年代，上部的窗格被固定封死，解决了这一问题。密斯曾设计了空调制冷系统，但由于成本原因没有安装，导致了严重的气候问题。居民们开始各自安装小空调机组，不过后来被中央空调系统替换。塔楼于2009年进行了全面的改造，地板铺装和一层的玻璃填充墙都更换一新。

今日视角

这个建筑作品有着非常大的影响力。这两座建筑的影响改变了——并继续改变着——全世界城市的面貌。对投资者赫伯特·格林沃尔德来说，该项目是一个巨大的成功，他开始将这种模式运用到其他基地和位置。不久，格林沃尔德的项目就占了密斯工作室承接项目的三分之二。但是，与其他建筑师无数的仿制品相比，甚至与密斯自己后来的作品相比。这两座塔楼都有着自己特殊的诗意——并非所有的窗户都同样大小，而且由于框架结构都暴露在外，建筑立面上的开口时宽时窄，形象极富韵律。

与直接矗立在地面上或放置在低层体块上的高层建筑相比，这两座塔楼与地平面之间的过渡连接得非常精心。建筑的一层有一条嵌入式人行道，营造出一种非常独特的空间状态，随时可以看到远方的景色。这是建筑特意创造出的独有空间，得用步行来体验。这种动态的空间序列与看上去纯粹理性主义的塔楼形成了对比。

1　Ludwig Mies van der Rohe in: *Frühlicht*，no. 4，1922，pp. 122-124. 英文版见 Fritz Neumeyer，*The Artless Word - Mies van der Rohe on the Building Art*，Cambridge，Mass. 1991，p. 240.

2　路德维希·密斯·凡·德·罗与格雷姆·沙克兰的对话，出自：*The Listener*，15 Oct. 1959，p. 621.

3　这个词来自彼得·卡特，出自：*Bauen + Wohnen*，July 1961，p. 240.（in：*Architectural Design*，March 1961）.

4　路德维希·密斯·凡·德·罗 1928 年 7 月 2 日的一封信，出自：Fritz Neumeyer，*The Artless Word - Mies van der Rohe on the Building Art*，Cambridge，Mass. 1991，p. 305.

5　同上，第 247 页。

6　Ludwig Mies van der Rohe 引自：*Architectural Forum*，Nov. 1952，pp.94，99.

7　参见 Franz Schulze and Edward Windhorst，*Mies van der Rohe: A Critical Biography*，Chicago，London 2012，p. 293.

56 麦考密克住宅

艾姆赫斯特，伊利诺伊州，美国
1951~1952年

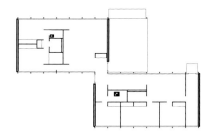

罗伯特·麦考密克（Robert McCormick）是湖滨大道公寓的开发商之一，他委托密斯把塔楼拿出一层来建成单层，作为自己的私人居所。[1] 于是用卡车载着预制的结构框架，运到艾姆赫斯特，给他盖了两个开间。虽然麦考密克住宅（McCormick House）的平面与芝加哥的湖滨公寓并不一样，但立面的细节或多或少是相同的。参观者从一个有顶的入口区域进入建筑，就立即到达了起居室和餐厅，再穿过这里到达书房。这座建筑的第二个部分包括厨房和儿童房。该建筑曾被麦考密克用作周末别墅，于1994年拆除，并在旁边的艾姆赫斯特艺术博物馆（Elmhurst Art Museum）的一层重新建造。钢结构被原封不动地搬过来，建筑原本与景观建筑师阿尔弗雷德·考德威尔设计的公园似的花园相连，但这种联系如今不复存在。建筑在拆除期间还丢失了许多室内装置。

1 关于该建筑更详细的史料见：*Mies van der Rohe - Houses*，2G，No. 48/49，2008-09，pp. 198-205，以 及：Franz Schulze and Edward Windhorst，*Mies van der Rohe: A Critical Biography*，Chicago, London 2012，p. 301.

平面图
建筑外观

159

57 格林沃尔德住宅

韦斯顿，康涅狄格州，美国
1951~1956年

格林沃尔德住宅（Greenwald House）基于与麦考密克住宅同样的原则，在一处风景区布置了一座与湖滨大道公寓地面层一样的单层建筑。实际上，住宅的立面是用高层建筑立面没用到的构件做的。入口直接通向中央起居室，两侧是两个木板墙覆盖的服务区。挨着入口的是一个独立的储藏柜，遮挡着后面隐藏的卧室。第二个入口直接通向厨房。一道粗石矮墙在地形中形成一个台阶，从矮墙上可以欣赏到周围的树木。该住宅是为赫伯特·格林沃尔德兄弟而建，他们是密斯当时最重要的客户，1959年至1960年，根据密斯工作室的平面图又扩建了两个开间。后来又进一步扩建，并添加了一些亭子，成组地围绕着建筑。[1] 随后对室内也进行了改造。

1 关于改造和扩建的更多信息见：Paul Goldberger, "Modifying Mies – Peter L. Gluck Rises to the Modernist's Challenge"，出自：*Architectural Digest*, Vol. 2, 1992, pp. 72-82.

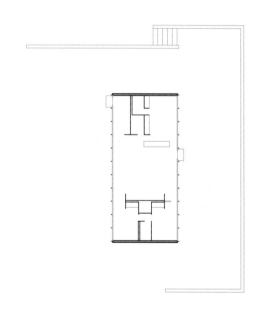

外观
室内
平面图

58 国民广场公寓住宅群

芝加哥，伊利诺伊州，美国
1953~1957年

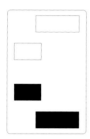

国民广场公寓住宅群（Commonwealth Promenade Apartments）最初设计了四座塔楼，但只建成了南面两座。一条有顶覆盖的人行道将两座塔楼相互连接起来，并向外延伸到了旁边的林肯公园。铝幕墙的细节与同时期建造的海滨大道公寓完全相同。窗户下部的旋转窗页提供了通风并在玻璃面上加了纱窗。与湖滨大道860和880号公寓相比，这里使用了混凝土结构，于是有可能在建筑高度之上再加建一层。与湖滨大道公寓外部运用的标准"I"形竖框型材对比，这里使用了特别为幕墙立面而设计的铝型材。不过，由于铝的热膨胀性更为显著，必须有膨胀连接件，因此打断了每一层垂直线的连续性。

对雷纳·班汉姆来说，使用更轻盈的材料代表着技术的进步："它是一种材料，攻克它就暗示着你有能力定义这种型材……选择铝型材是自然的，因为就没有钢型材这一选项，轧钢机生产的钢型材太昂贵了，从经济上就非常不可能。"[1]作为在建筑中积极运用先进技术的支持者，班汉姆认为铝制的细节有可能"更为精致"。

1 Reyner Banham，"Almost Nothing is Too Much"，出自：*Architectural Review*，August 1962，p. 128.

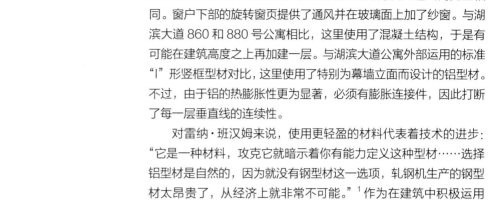

基地平面图
南立面
窗户细部

59 湖滨大道900-910号公寓

芝加哥，伊利诺伊州，美国
1953~1957年

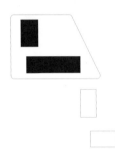

湖滨大道 900-910 号公寓（Esplanade Apartments）的两座塔楼延续了密斯湖滨大厦系列的风格。在现有的湖滨大道 860-880 号公寓塔楼紧邻的北边基地上，密斯又设计了两座高层建筑，坚持了同样的规划概念：建筑如同独立的物体屹立于此地，在大片的历史城市肌理中如同鹤立鸡群。900-910 号公寓建筑也位于一个梯形的基地内，两座建筑大小不一，南面一座的形状如同一座纪念碑，二者之间的距离比起 860-880 号的两座建筑更为接近。密斯的客户赫伯特·格林沃尔德为了这块作为居住用地的基地支付了当时芝加哥最昂贵的费用。[1]

因此，必须最好地利用这块基地，这一目标通过显著增大建筑体量以及降低层高得到实现。新的设计降低了顶棚的结构高度。这样便能增加三个附加楼层，同时稍微地降低了建筑的总高度。尽管建筑的根本概念——全玻璃的矩形棱镜——与其前身是一样的，但两组建筑建造之间的几年里，技术的进步意味着运用的结构和材料都已改变。虽然 860-880 号公寓是原型，但 900-910 号公寓在技术上以及经济上都更加优化。

原型暴露出来的问题在第二对建筑中得到了解决，不仅因为细节上的修改，而且因为选择了不同的材料。结构框架还是完全暴露在玻璃外皮外面，但这次的立面由安装在混凝土框架上的阳极氧化铝制成。立面本身连接成一个幕墙结构，采用了连续的、同样大小的窗户。为了解决之前建筑中产生的热工问题，这两座建筑安装了有色玻璃和空调。

上一对建筑的结构暴露于立面上，而这次钢筋混凝土柱从建筑边缘缩进，在柱子和外皮之间为空调的安装提供了一个空隙。深灰色玻璃强化了幕墙作为一个独立元素的印象，并强调了建筑体积的雕塑特性。运用于立面外表面的有特色的垂直竖框，现在采用了铝材料的定制挤压成型品，而不是 860-880 号公寓中采用的"I"形钢竖框的连续直线，那是由两个标准的"T"形轮廓焊在一起做成的。因为铝比钢更容易受热膨胀影响，竖框在每一层断开，以调节热膨胀。

旁边建造了一座低层建筑作为停车场，它带有一个平板屋顶，作为公共阳光平台使用。但是这削弱了一层空间的广阔感，860-880 号公寓的特征就包括广阔感，广阔感也形成了室外向室内的过渡，室内和室外一样采用了统一的洞石铺地。在 900-910 号公寓中，入口门厅反而铺了水磨石地板，而内部空间则铺砌着大理石。一层的玻璃一部分是透明的，一部分是半透明的，在夜晚将墙体转换成了灯具。与 860-880 号公寓不同的是，这里的一层顶棚下可以看到一层薄板，用于空调通风层。

后续改造

1970 年代末公寓转变为私人住宅后，许多居民对自己的公寓进行了改造，有的将几个单元合并成了一个。不过，建筑的设计考虑到了这种灵活性。从此以后，建筑进行了大规模改造。

今日视角

幕墙结构作为一个独立层悬挂在承重结构前面的概念不仅对密斯自己的作品来说是前所未有的，而且形成了高层建筑的结构典

基地平面图

从东北方向看建筑
建筑之间的步行道

范，直到今天。同样地，将铝作为建筑材料的试验性运用也成为了普遍的实践，尤其对于高层建筑立面而言。

尽管 900-910 号公寓缺乏 860-880 号公寓那样的清晰概念和冒险精神，因此在建筑史上不像它们的前身那么著名，但它们当中的公寓价格更加昂贵。除了缺少早期建筑的极简主义清晰性，公寓仍然享有俯瞰密歇根湖的壮观全景视线，并配备了更高标准的技术设备，包括更好的电梯。就其本身而论，公寓一点也没有丧失原创吸引力。

1　但是，这还不是它打破的唯一纪录："该建筑是芝加哥最高的混凝土建筑，也是第一座采用混凝土框架水平板的建筑。它是芝加哥市第一个采用中央空间系统的住宅塔楼；最早使用统一阳级氧化铝幕墙的建筑之一；而且是芝加哥第一座大规模使用有色热工玻璃的建筑。" Franz Schulze and Edward Windhorst, *Mies van der Rohe: A Critical Biography*，Chicago 2012, p. 294.

60 西格拉姆大厦

纽约，美国

1954~1958年

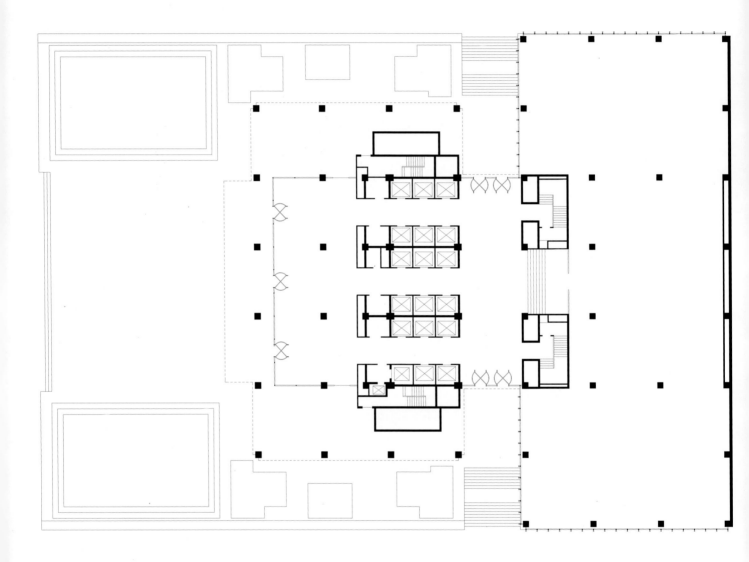

首层平面图

从西南方向看建筑

这座细长的办公楼位于纽约著名的公园大道，有着纪念碑一般的仪态。尽管建筑纯朴而夺目的形体由同样大小的窗户网格包裹着，它还是以古典的方式展示了三段式结构：建筑从地面抬起，坐落于柱子上，形成一个基座，并带有玻璃的入口门厅，然后是高耸的建筑主体，顶端是一个不透明的部分，容纳着技术设备。

西格拉姆大厦（Seagram Building）从街道后退了大约 30 米，形成了一个城市广场，在纽约市中心建筑密集的城市肌理中创造出珍贵的开放空间。当所有的曼哈顿典型建筑占满整个街区，产生出沿着街道的连续的立面线，这座塔楼的后退令它看起来像一个孤独的隐士，通过一个广场才能接近它。尽管建筑也是阶梯式的，并遵守了街区的肌理，但它仍然呈现为一个独立的物体。它的背面也呈台阶式后退，与纽约街道和街区的肌理完全一样，甚至成为地标式的天际线，如同帝国大厦或克莱斯勒大厦一样符合规范。

广场在这个项目中至关重要，密斯差一点没法实现它，当时客户曾经考虑在广场上建造一座银行建筑。[1] 广场由花岗石板铺地，包括两个浅浅的水池，水池两侧是大理石质地的长椅状体块。这个广场是整个建筑的精华部分，功能如同一个平台，参观者在通过入口门厅的柱子之前必须穿过广场。广场从街道抬升了几级台阶，形成了一个类似于古希腊神庙的基座，标示出一个远离人行道上的熙熙攘攘的空间。

建筑由钢结构承重，悬挂幕墙的立面用铜做成。古铜色的玻璃给建筑表皮赋予了一种统一感。建筑运用了密斯在他的芝加哥高层建筑中使用过的同样元素，即外部垂直"I"形竖框，不过，这里的竖框轮廓以及玻璃是定制组装的。"H"形的宽翼轮廓形状经过无数次的试验获得，密斯将它描述为"本影与半影"精确的相互作用。[2] 它们给建筑平滑的表面增添了精致的浮雕感，令它的外表随着光线的变化而改变。

建筑的特征来自于极高质量材料的运用。当参观者走上台阶到达广场时，他们脚下踏着的是绿色的大理石块。在征求客户的观点时，他表达出一种对青铜的特别的喜好，在实践中，这种不常用的铜锌的合金确实有着超过钢和铝的优势。青铜是耐腐蚀的，也不像铝那么容易受热膨胀影响。青铜幕墙与下面的结构骨架相得益彰，在某些部分的骨架之间，填充墙用的是绿色大理石而不是玻璃板。

平面图基于 1.41 米的模度，这是理想办公室尺寸与纽约规划法规相结合的产物，法规规定塔楼最多可以占基础平面面积的 25％。密斯回忆道："既然这是我要做的第一个重要办公建筑，我在设计平面图时咨询了两种类型的建议。第一，关于理想租赁空间类型的最好的房地产建议，第二，关于纽约建筑规范的专业建议。"[3]

在建筑施工阶段，密斯开始与菲利浦·约翰逊合作，关于此人，规划总监菲利斯·兰伯特写道："他知道密斯

穿越广场的视角
转角细部

从东北方向看建筑
入口门厅

关心的主要是结构、形式和材料的清晰性，菲利浦很快领会到西格拉姆提供了一个非同寻常的机会来提高许多办公室建筑中使用的标准工业设计构件：门、电梯轿厢、五金件、灯具、卫浴设备和房间隔断，以及标示字体和指示牌……最终扩大到包括整个办公楼层的设计、整个建筑的照明策略。……菲利浦采用了强效的剧场般的效果。"[4] 他设计了建筑的室内，例如四季餐厅，并与灯光设计师理查德·凯利（Richard Kelly）一起，设计了连续照明的顶棚，在夜间将建筑变成了一个发光体。

后续改造

这座建筑保持至今，基本没有变化。广场上种植的垂柳没有成活，很快被银杏替代。只在室内进行过一些改造工作。2000 年，来自纽约的 Diller, Scofidio + Renfro 建筑事务所在建筑中设计了一个餐厅。

今日视角

尽管西格拉姆大厦不再像以前那样引人注目，周围的低层建筑都被类似的高层抽象塔楼取代，但它完全没有丧失纪念意义。密斯在设计这座建筑时，刚刚完成巨大的芝加哥会议大厦设计，他把后者描述为自己第一个"真正有纪念性品质"的建筑。[5] 密斯的建筑——如同彼得·贝伦斯的建筑一样——不断地展现着一种内在的纪念感，但密斯这里指的是纯粹的尺度："但是，实际上，有一定规模是一个现实。拿埃及的金字塔来说，把它们做成只有 15 英尺高。它就什么都不是。正是这种庞大的尺度使一切都不同了。"[6]

"像西格拉姆大厦一样令人愉快，"菲利浦·约翰逊在 1978 年评论道，"它仍旧是一个平顶玻璃盒子，我们有一点厌倦了。"[7] 然而，回顾过去，这座建筑耐久的品质变得越来越明显，尤其与过去几十年里建造的建筑相比。西格拉姆大厦的一个特别的品质是将其庞大的尺度消解到行人尺度所采用的各种各样的方法。与许多此后建造的对行人没有提供任何好处的高层塔楼对比，这个项目创造了一个城市空间，至今仍被纽约市民每天使用着。

1 Phyllis Lambert, *Building Seagram*, New Haven, London 2013, p. 71. 菲利斯·兰伯特是投资人赛缪尔·布朗夫曼（Samuel Bronfman）的女儿，曾举荐密斯为建筑师并作为规划总监监理了该项目。

2 Lambert 2013, p. 62.

3 路德维希·密斯·凡·德·罗 1960 年 5 月 11 日与卡梅伦·艾尔里德（Cameron Alread）及其他人的对话，引自：Lambert 2013, p.46.

4 Lambert 2013, p. 122-123.

5 Ludwig Mies in conversation with Katharine Kuh, 出自：*The Saturday Review*, 23 January 1965, p. 22.

6 Ludwig Mies van der Rohe 出自：Moisés Puente（ed.），*Conversations with Mies van der Rohe*, Barcelona 2006, p. 81.

7 菲利浦·约翰逊与芭芭拉里·戴尔蒙斯泰－施皮尔福格尔（Barbaralee Diamonstein-Spielvogel）的对话（library.duke.edu/digitalcollections/dsva）。

立面细部
电梯细部

从西南方向看建筑

61 拉菲亚特公园住宅区

底特律，密歇根州，美国
1955~1958年

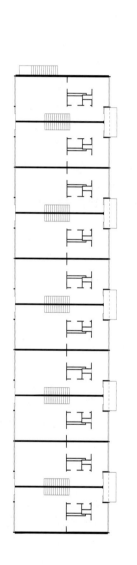

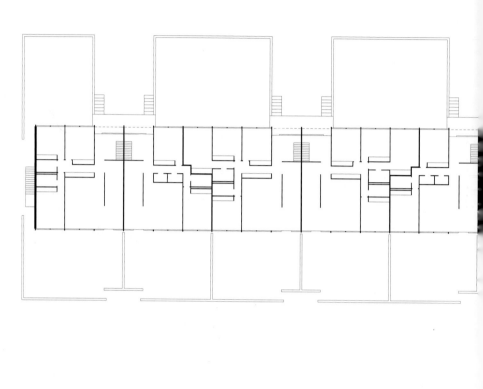

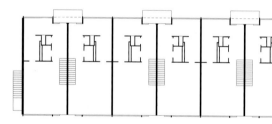

首层平面图

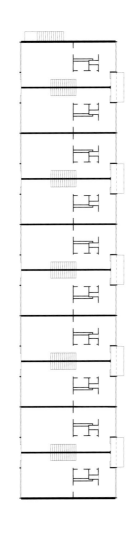

拉菲亚特公园住宅区（Lafayette Park）位于一片植被葱郁的景观基地上，从底特律中心步行很短的距离即可到达。公寓向着一片室外公共区域开放，这片区域被改造成了一个公园。虽然所有建筑在外观上都是相同的，但该项目实际包括三种不同的建筑类型：独栋的单层庭院建筑、两层的联排单元和高层公寓大楼，但公寓大楼只建成了一座。联排住宅的全玻璃立面没有朝向私人花园，而是俯瞰着公共绿地。

项目所在地原来是一个低收入社区，被视为贫民窟，犯罪率相当高。[1] 原来的社区被全部拆除，这样才有可能营造新的建筑布局，其目标是将中产阶级留在城市中心。这个新典范居住区就像一幅拼贴画，植入了城市原有的肌理。密斯是这个项目的建筑负责人，与他一起合作的是路德维希·赫伯赛摩和阿尔弗雷德·考德威尔，他们分别被委托为城市规划者和景观建筑师。

景观设计是整个概念的一个关键方面。树木现在已经长成，形成茂盛的树林，只有此时能提供急需的树荫来提高全玻璃建筑的气候耐受性。低层建筑前面种植了美国皂荚树，这种树的叶子非常细小，不会完全遮挡地面，但是形成了斑驳的光线。它们如同自然的华盖，树冠能给建筑遮阳，而且在低层的建筑之前树起屏障，遮挡了高层公寓的视线。第二层植被包括多彩的开花树木与灌木，例如沙果树和各种品种的丁香树，遍布基地的其他地方。所有植物中还有相当数量的鸡距山楂树形成的树篱，将开放区域划分成小区并屏蔽了窥探室内的视线。

规划概念只能描述为一种快速整理方案：基地和基地上的所有建筑被清理干净，然后项目开发商赫伯特·格林沃尔德将设计委任给他的设计师团队，赫伯赛摩还呼吁直接无视现有的街道网络，用一个封闭入口的道路体系代替，在居住区中央营造出一个公园，其中包含一所学校。他希望将人行道直接通到学校，不采用交叉道路。他还设想了一种建筑组合形式，使高层公寓大楼彼此相距很远，这样就能创造出一片大面积景观。他呼吁"城市的乡村化"以及"国家的城市化"，这种方式多少带有一些"技术专家治国论"的特色：

"现在集中于大城市的积极力量如果可以分布得更平均，活力就会遍布整个国家。城市和乡村变得彼此接近，会互相提升物质上和精神上的共同利益。各处都会恢复健康的环境。城市生活的舒适可以与乡村生活的愉快相得益彰。两种生活中的不利方面会得以消除。"[2]

赫伯赛摩将建筑完全置于阳光的暴晒之下，但是密斯改善了建筑的排列，把它们安排成一个有韵律的体系。他采用了与伊利诺伊理工学院校园概念类似的空间限定方法，将清晰的矩形体量布置在一个严格正交的网格里，创造出空间动态的序列，与一系列同样元素的反复出现形成对比。4排用围墙封闭的庭院别墅与17排联排别墅错开布置，充分利用它们周围自然的景色。为了不遮挡景观，甚至连封闭道路尽端的停车场也下沉了1米。

在低层建筑中，有一条视线轴从入口大门直接穿过建筑。起居区域用篱笆或墙遮蔽起来，在庭院别墅中则是通过垒起一个突出的平台来屏蔽。一级级台阶通向这些别墅的入口。联排别墅带有地下室，其中有连续的服务走廊，还提供了取暖系统和储存垃圾的通道。

公寓大楼看起来就像是联排别墅的延伸，只不过垂直地一层层

堆叠起来。巨大的水平窗带强化了这种堆叠的形象，这种窗户有着全景窗的特征，城市天际线的景色一览无余，甚至能远眺至加拿大。这些窗户采用了一种不常见的截面处理方案：没有采用密斯典型的垂直"I"形竖框，而是用了两个背对背的"][" 形型材。

后续改造

这个居住区的运作就像合作社一样，只允许居民对室内进行改动。结果，改造最频繁的地方是厨房。不过，最根本的改变是整个小区的玻璃更新为新的深色隔热玻璃。建筑作为拉菲亚特公园景观的一部分，现在已被登录，并被遵守一定的保护法规进行保护。居民只能在住宅周围方圆 1 米的区域中自由种植。但是整个小区的植被已经与最初不同。例如，1.78 米高的树篱在外观上已经不像最初设想的那么协调了。[3] 项目后期没有按照最初的设计进行，几年后，密斯还在附近一个基地上设计了拉菲亚特大厦。

今日视角

设计拉菲亚特公园时，底特律市正开始收缩。由于城市的急剧衰落，居民的流失量超过了原来的一半。2013 年夏天，该市宣布破产。大批居民离开城市去到乡村，最受影响的城市区域便是市中心社区。在这种情况下，过去曾有的对大都市区萎缩的远见再一次变得意义重大。在奥斯瓦尔德·马西亚斯·昂格尔斯（Oswald Mathias Ungers）1977 年的论文《城中城》（The City Within theCity）中，有一个实例是将整个市区退租，转换回绿地，于是城市社区像小岛一样散落在公园景观的海洋里。底特律市如今正在讨论这方面的举措。

赫伯赛摩曾激烈地拒绝城市中任何类型的集中，但我们现在也意识到其消极影响。同时，今天所有参观拉菲亚特公园的人都会感觉到它就像一个绿洲。许多类似的城市更新项目惨遭失败，但是这个项目仍然被认为是成功的。居民们对社区有着强烈的认同感，但几乎没有人意识到建筑师的作用。居民的社会构成非常复杂，但是犯罪率却很低——尽管社区并没有围墙。

1 原来的非裔美国人社区名为"黑人低地"（Black Bottom），1950 年被拆除，尽管有国家补贴，但是很多年之后才有人接手开发这个项目。关于拉菲亚特公园更多历史信息参见：Charles Waldheim（ed.），*Hilberseimer/Mies van der Rohe - Lafayette Park*，Munich，Berlin，London，New York 2004.
2 Ludwig Hilberseimer，*The Nature of Cities; Origin, Growth, and Decline, Pattern and Form, Planning Problems*，Chicago 1955，p. 267.
3 居住区最近的情况记录于：Danielle Aubert, Lana Cavar and Natasha Chandani（eds.），*Thanks for the View* Mr. Mies: Lafayette Park，Detroit 2012.

庭院住宅
联排住宅

高层公寓

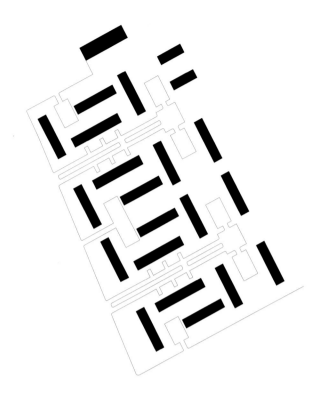

基地平面图
转角细部

62 柱廊公寓与亭阁公寓

纽瓦克（Newark），新泽西州，美国
1958~1960年

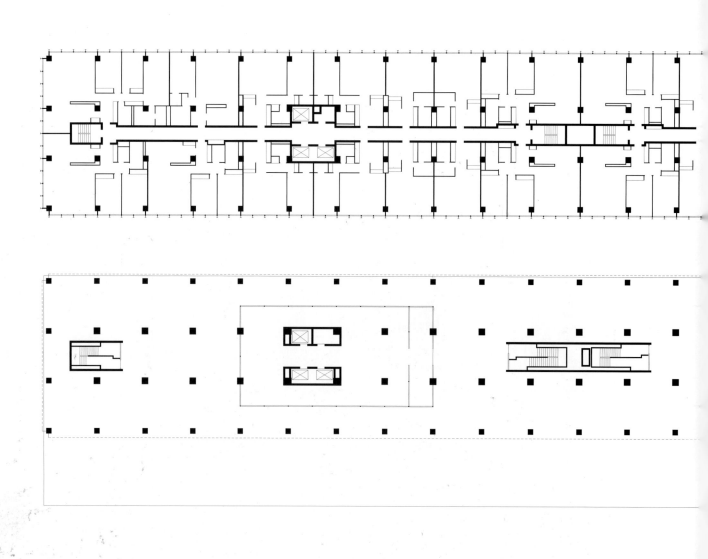

178

基地平面图
上部楼层平面图
首层平面图

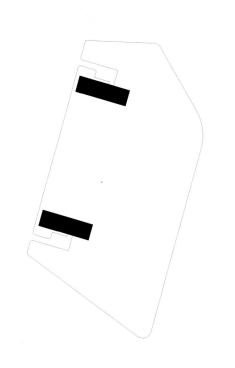

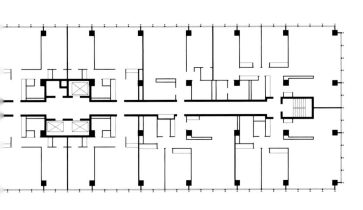

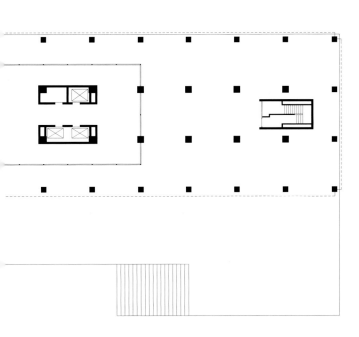

　　柱廊公寓与亭阁公寓（Colonnade and Pavilion Apartments）的三座高层板楼如同三面墙围合在基地中，第四面墙则是远处曼哈顿的天际线。从纽约的宾夕法尼亚车站乘火车，只需 20 分钟即可到达这组公寓综合体，其旁边就是布兰池布鲁克公园（Branch Brook Park）。三座建筑中最大的一座名为柱廊公寓大厦，长 35 米，与公园直接相邻。三座建筑之间的距离超过 600 米。密斯评论道："现代建筑的体量如此巨大，而且要把它们组合起来。这些建筑之间的空间往往与建筑本身同等重要。"[1]

　　当时纽瓦克市的特色还是 19 世纪的建筑肌理，密斯的这组建筑与此形成了极强的对比。大批的城市更新项目都致力于缓解当时城市不健康的拥挤条件。该项目是席卷全国的类似项目的一部分，由赫伯特·格林沃尔德担任开发商，他与密斯的合作非常频繁。对他来说，投资是要有经济效益的。建筑极为理性主义地避免了所有形式的个性化表达，既没有参考当地材料或建筑形式，也没有呼应城市的历史规划，而是复制了密斯早期的建筑作品，比如他在底特律设计的建筑。密斯本人承认："如果真的没有发现新的方法，我们不怕坚持以前找到的老方法。因此，我并没有把每座建筑都设计得与众不同。"[2]

　　与其他作品一样，密斯的设计仍然明确地呼应了环境。这组建筑与地形的坡度非常契合，柱廊公寓的板楼在一个巨大的基座上拔地而起，通过一段楼梯走上基座，从上面可以看到整个基地的景色。服务空间与公共空间——洗衣房、管理办公室和商店——布置在基座里，这样首层的区域便可以保持开放。基座表现为平台的形式，从公园延伸过来并直接穿过建筑。一层平面中唯一固定的点是楼梯和电梯井，从入口到两个玻璃门厅如同穿过一片柱子森林。

　　公寓的楼层平面各不相同，每一层包括一系列不同大小的公寓。不过，所有公寓的共同之处是没有一扇窗户是能打开的，跟传统的方式完全不一样——总共有 8000 多个同样的窗户——它们的布置都是一样的，不论朝向如何。通风问题是通过固定在楼板层上的构件解决的，里面安装了空调机组。这些构件中还包括用于提供自然通风的活扉。与公寓室内优良的照明形成对比的是，内部通道走廊的建筑品质一般。

　　铝幕墙是以前的项目中所开发的幕墙的简化变体。所有的组件都经过精心设计，一个人就能将它们组装起来，玻璃板由氯丁橡胶条固定。这个简化的过程越程序化，就越接近密斯在 1924 年就曾预言过的一种情况："从此建筑基地的工作将会是一项专门的装配作业，能够令人难以置信地减少建造的时间。这将带来建筑成本的显著降低。"[3]密斯认为建筑行业的产业化主要是材料的问题，并提倡"轻质材料"的开发。几年后的 1958 年他又宣布："如果经济上可行，建筑将变成一种拼贴组合。"[4]

　　路德维希·赫伯赛摩——他是复杂城市概念的启发者——将铝这一材料视为革命性的进步："这种材料有可能彻底改变建筑表皮的概念，因为它是最便宜的，可以保护钢筋混凝土的表面，并且能够预制成任何想要的形状。"[5]建筑评论家雷纳·班汉姆将铝幕墙的细部描述为"完全令人信服的"，尤其是与西格拉姆大厦的青铜幕墙相比，后者如此精致，简直丧失了"建筑与道德的平衡"。[6]关于该公寓项目的讨论提出了一个问题，即如此尺度与形式的建筑是

否仍旧是人性化的。这感觉就像"空间组织与空间比例"传达着"一种宁静和秩序的印象"。[7]

后续改造

建筑本身基本保持不变，尽管进行了一些改造，但并不影响建筑的特征。例如，围绕着柱廊公寓台基的密斯风格极简主义栏杆被垂直结构的栅栏代替。不过，周围的环境变化很大。1960年代末期，城市进入了灾难性的衰败时期，从此一蹶不振，这也同样影响了当地居民的人口结构。从那时起，周围的许多建筑都被拆除了。

今日视角

绕着这组建筑综合体行走是一种独特的体验。高层板楼拔地而起，这种空间形态被建筑的抽象形式进一步加强。从地形的最高点上，即一座大教堂的附近，人们可以看到柱廊公寓布置在基地的边缘，让人回想起里尔住宅的布置方式。随着城市的衰败，周围的城市肌理变得支离破碎，这座公园却在100多年的时间里保持着勃勃生机。与此同时，密斯的建筑也依然矗立，原封未动，建筑的玻璃窗在暴风雨天气里颤抖着，创造出云仿佛也在振动的映象。公寓最初是为白人中产阶级租户所建，但原来的租户当中，很少人还住在这里，因为他们认为现在周围的环境正在走下坡路，不太安全，也很少有建筑的爱好者来这里参观。而且，人们认为没有阳台的高层公寓不适合家庭居住。

1 路德维希·密斯·凡·德·罗与凯瑟琳·库的对话，出自: *The Saturday Review*，23 Jan. 1965，p. 23.

2 路德维希·密斯·凡·德·罗于1964年与乌尔里希·康拉德的对话，录制于一张胶片: Mies in Berlin, Bauwelt. 英文版来源: *Ludwig Mies van der Rohe（1986）*, in: Spaeth, David: *Mies van der Rohe*，Stuttgart，1986，p. 11

3 Ludwig Mies van der Rohe, "Industrielles Bauen"，出自: *G‐Material zur elementaren Gestaltung*, no. 3, June 1924, pp. 8-13. 英语译文见: Fritz Neumeyer, *The Artless Word‐Mies van der Rohe on the Building Art*, Cambridge, Mass. 1991, p. 249.

4 路德维希·密斯·凡·德·罗与克里斯滕·诺伯舒茨的对话，出自: *L'oeuvre de Mies van der Rohe, Éditions de l'Architecture d'Aujourd'hui*, Paris 1958, p. 100.

5 Ludwig Hilberseimer, *Mies van der Rohe*, Chicago 1956, p. 64.

6 Reyner Banham, "Almost Nothing is Too Much"，出自: *Architectural Review*, August 1962, p. 128.

7 参见 "Überbauung Colonnade Park in Newark"，出自: *Bauen+Wohnen*, July 1961, p. 248. 建筑的细节呈现为一种渐进的解决方案——同一期刊的其他地方还载有"现代建筑事务所"刊登的招聘广告，需要"逐渐理解建筑体系"的工作人员。

亭阁公寓大厦
柱廊公寓大厦
柱廊公寓大厦的基座

从西北方向看
柱廊公寓大厦

63 百加得办公大楼

墨西哥城，墨西哥
1958~1961年

密斯曾经为古巴的百加得公司设计了一座办公楼（Bacardi Office Building），但是该项目在古巴革命之后被取消了。不过，不久之后，他在墨西哥城为百加得公司设计了第二个项目，在一个罐装厂附近设计一座办公楼，这座罐装厂是由菲力克斯·坎德拉（Félix Candela）设计的混凝土壳体结构。密斯的建筑位于罐装厂前面，用柱子从地面上抬升起来，所以从基地的高架公路上经过时，建筑刚好位于与眼睛持平的位置。[1] 但是，这个方案非常不经济，尤其是许多有用的空间必须让位给楼梯。两个服务中心用墨西哥桃花芯木饰面，地板和楼梯铺砌着洞石。结构在本质上是两层的，但是有 24 根暴露的钢柱从底贯穿到顶。窗帘与有色玻璃是仅有的遮光措施。

1 密斯的解释如下："高架路高出基地。因此，如果我们在这里建造一层的建筑，你只能看到屋顶。这就是我们设计两层建筑的原因。"参见: John Peter, *The Oral History of Modern Architecture - Interviews with the Greatest Architects of the Twentieth Century*, New York 1994, p. 172. 建筑记录参见: *Bauwelt*, 6 Aug. 1962, pp. 886-888.

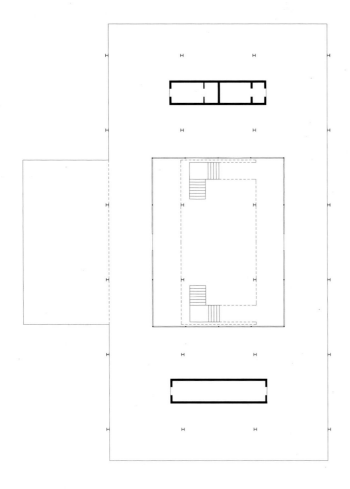

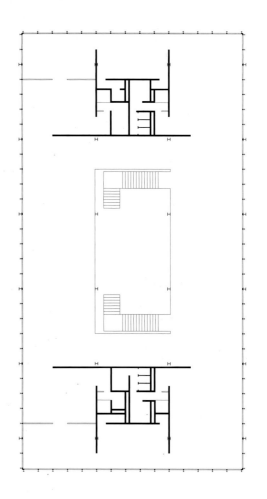

首层平面图
二层平面图

入口立面
建筑转角

64 查尔斯中心

巴尔的摩，马里兰州，美国
1958~1962年

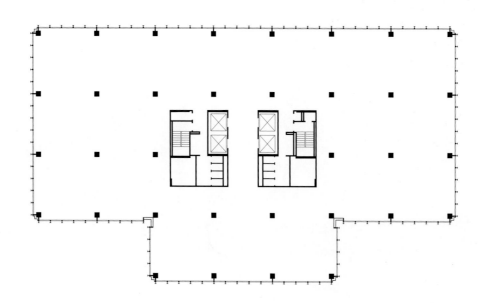

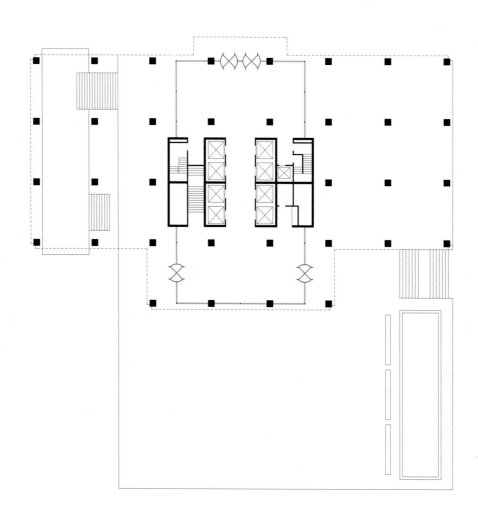

上部楼层平面图
首层平面图

与西格拉姆大厦一样，查尔斯中心（One Charles Center）的平面为"T"形。立面的细节和颜色也几乎从西格拉姆大厦照搬而来，只不过这座建筑采用的是阳极氧化铝，而西格拉姆大厦采用的是青铜。为了强调幕墙的原理，立面的内部转角采用了一个新细节。建筑的外皮向内后退，在内转角处形成一个垂直空腔，呈现为一种负体量。后来建筑的一层进行了多次更新，一部分原有构件丢失了，替换了原来的入口，建筑之下连接不同高度斜坡地形的外部楼梯遭到毁坏。[1]

1 参见 Franz Schulze and Edward Windhorst，*Mies van der Rohe: A Critical Biography*，Chicago，London 2012，pp. 369–370.

65 拉菲亚特大厦

底特律，密歇根州，美国
1959~1963年

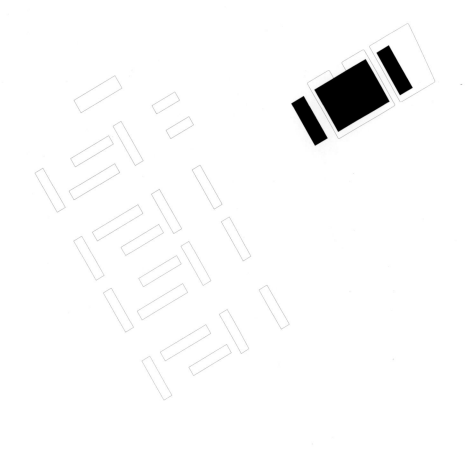

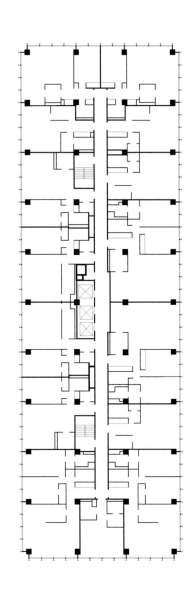

基地平面图
亭阁公寓大厦外观
上部楼层平面图

拉菲亚特大厦（Lafayette Towers）两座平行的高层板楼一模一样地矗立着，其细节与同时期设计的新泽西州纽瓦克的两座亭阁公寓一样。只不过拉菲亚特大厦的两座建筑相距更近，二者之间是停车场。板楼建筑的结构在屋顶之下有一道连续的开口，让人回想起自 1923 年以来密斯未建成的"混凝土办公楼"（concrete office building）项目。屋顶平台被设计成一个带有游泳池的下沉平台。整个综合体是密斯之前设计的拉菲亚特公园住宅区的二期，住宅区的规划是与路德维希·赫伯赛摩合作构思的。二期建筑原本也被设计为单层庭院建筑、两层联排别墅与公寓大楼的混合。[1]

1 参见: Charles Waldheim（ed.），*Hilberseimer/Mies van der Rohe - Lafayette Park*，Munich，Berlin，London，New York 2004. 关于该建筑历史的更多信息见: Danielle Aubert, Lana Cavar and Natasha Chandani（eds.），*Thanks for the View Mr. Mies: Lafayette Park*，Detroit 2012.

综合体全景
游泳池
停车场

66 芝加哥联邦中心大厦

芝加哥，伊利诺伊州，美国
1959~1974年

联邦中心大厦（Federal Center）综合体包括一座法院大楼、一座办公楼和一座单层邮政厅。规划理念是将高层建筑和附近的广场安置到密集的城市环境当中，正如曾经在西格拉姆大厦中实施的那样，只不过在这个项目中进行了放大，来填充一个更大的基地。两座高层板楼在芝加哥市中心的核心区组成组布置，围合出一个单层的方形"亭阁"，形成一个广阔的室外区域。建筑与周围幽深的运河似的街道形成对比，让人感觉它是城市空间中独立的元素。综合体的巨大尺度显而易见，以邮局建筑为例，其房间层高超过 8 米。

据说密斯对这个项目只有如下评价："我们这样布置是为了让每一座建筑得到最好的条件，它们之间形成的空间也是我们所能获得的最好结果。"[1] 对他来说，这是一个关于比例的问题。他开发了城市体块的几种不同的变体。除了最终实现的不对称布置，他还提出过一座带有单独塔楼的变体以及两座相同的平行布置的板楼建筑。最后，他设计了第 4 座更小的建筑来容纳技术设备。建成后的综合体不仅呈现了抽象简洁性的建筑组合，而且在城市中呈现了一种全新的规划概念。

尽管两座高层的立面构思是一样的，但它们包含着不同的功能。南边 42 层的克卢钦斯基大厦（Kluczynski Building）容纳了各个联邦部门的办公室，而 30 层高的板状德克森大厦（Dirksen Building）中设置了法庭。每个法庭占有两个楼层，一个叠加一个地布置在建筑的中心，内部以彩色胡桃木板饰面。法庭没有窗户，由顶棚上的连续光带照明，这些发光带由悬挂的方形网格铝板制成。办公室则布置在窗户旁边。尽管建筑的外部形象是统一的，其内部组织却非常复杂，有公共区域和私密区域，互相之间有严格的分隔："法官单独的电梯与地下停车场相连；四个特殊电梯将罪犯带到与法庭相连的牢房；陪审团使用单独的走廊，法官、律师以及工作人员也各自有单独的走廊；公众只允许在与法庭相连的宽阔走廊里通行。"[2]

两座高层塔楼实际上是分开的独立建筑，但人们会觉得它们属于同一个综合体，二者"L"形的布置限定出一个城市空间。两座建筑立面完全一样，互相垂直布置：塔楼的顶层由一圈不透明的板覆盖，内部是服务间和机房，在两塔中较高一座的腰线处有一条相同的不透明带，大概在建筑三分之一高度之上。整个建筑的立面反射着周围条件的变化，为立面赋予了动态的感觉。塔楼坐落在柱子之上，从地面抬升起来，全玻璃门厅在地面层创造出一种空间连续的感觉，室内外同样的铺地进一步强调了这种感觉。广场铺装材料是灰色罗克维尔花岗石，一直铺进了邮政楼的大厅和高层塔楼的门厅。

邮政厅内部的入口向着广场完全开放，最初设计为净跨结构，但是由于土壤条件不够，于是大空间的屋顶改由 4 根十字形柱承重。两条覆盖着绿色花岗岩的设备管道从地面延伸到屋顶，像克朗楼里那样，从上面悬挂下来。装着邮箱的墙覆盖着类似的花岗石。投递和收集邮件的卡车通道布置在地下层。

结构框架和幕墙都是钢制的。对密斯来说，这代表了一种理想的组合，一种他难得实现的理想。他设计的住宅塔楼大多数是覆盖着铝幕墙的钢筋混凝土结构，钢结构骨架和钢幕墙的组合他以前只成功地实现过一次，那就是湖滨大道 860-880 号公寓大楼，也位于芝加哥。但是，与早期的原型项目不同，联邦中心立面的外皮不与支撑结构面平齐，而是置于支撑面的前面。通过将承重结构定位

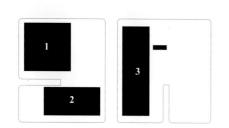

基地平面图
1 邮政局
2 克卢钦斯基大厦
3 德克森大厦法庭

建筑西侧
建筑北侧

于表皮内部，就容易处理二者相对不同的热膨胀，因为如此一来，结构框架和立面便是分离的元素，彼此独立。幕墙的钢型材是在现场焊接起来的，涂着密斯标志性的哑光石墨漆。独立的窗户是由深色的铝制窗框和深色玻璃板组成。

后续改造

改造仅涉及室内的布置，从 2010 年到 2011 年对广场进行了大规模更新，导致了一些变化。为了遵守更严格的政府建筑安全规范，绕着塔楼一圈安装了花岗石护柱。与最初设想的一样，建筑中添设了更多的法庭。此后，许多走廊铺装了花岗石覆层，油毡地板上覆盖了地毯。[3] 该综合体建成于 1974 年，由密斯与其他三个建筑事务所协力承担——施密特、戈登和埃里克森事务所（Schmidt，Gardenand Erikson）、C·F·墨菲事务所（C·F·Murphy Associates）以及爱普斯顿事务所（A. Epstein and Sons）——但密斯是该项目的建筑设计师。不过在广场上立起亚历山大·考尔德（Alexander Calder）的"红鹤"，一个亮红色的钢雕，并非密斯之意，他最初没有设想在这个地点安置雕塑。

今日视角

当时为了建造联邦中心，必须拆毁原来的芝加哥联邦大楼，那是一座典型的新古典主义建筑，有着纪念性的柱子和穹顶，建于 1898 年至 1905 年。原来的建筑清楚地传达出它的公共功能，而高层塔楼统一的立面并没有表明其内部的情况。但对密斯来说，这种无个性的特征是一种理想：他是如此坚信自己的建筑方案的普遍适用性，以至于他在公共建筑中运用了与商业中心和居住建筑中同样的基本建筑语言。后几代的建筑师会越来越带有怀疑地看待这种激进的统一性。在 1970 年代后期，建筑师菲利浦·约翰逊曾如此评论密斯的建筑："国际式的另一个问题是，所有东西看起来就像一个盒子。教堂看起来像一个盒子，不像一座教堂。图书馆看起来也不像图书馆。"[4]

借助联邦中心的设计，密斯创造了一个城市主广场。它是一个对城市空间质量富有贡献的公共空间。尽管现在充斥于芝加哥市中心的无数建筑都从密斯的建筑中获取了灵感，但联邦中心那极具特色的纯净表达仍然是无与伦比的。

1 Ludwig Mies van der Rohe 出自: Moisés Puente（ed.），*Conversations with Mies van der Rohe*，Barcelona 2006，p. 78.
2 *Architectural Record*，March 1965，p. 132.
3 建筑改造的详细信息可见美国公共管理局主页: www.gsa.gov.
4 菲利浦·约翰逊于 1978 年与芭芭拉里·戴尔蒙斯泰－施皮尔福格尔的对话: library.duke.edu/digitalcollections/dsva.

邮政大厅
邮箱

德克森大厦

67 联邦储蓄与贷款协会

得梅因，爱荷华州，美国
1960~1963年

联邦储蓄与贷款协会（Home Federal Savings and Loan Association）的建筑从建筑红线后退形成一个公共前院空间。[1] 这个区域用花岗石铺地，其中用方形框出几个非对称的空洞，用于植树。铺地延伸进了建筑室内，室内的铺地表面进行了抛光。在轴向布置的入口门厅中，人们可以透过周围的玻璃看到城市的景象，门厅两侧是两个带有楼梯的服务中心。巨大的开放空间上面是正方形的二层楼板，坐落于巨大的钢框架结构上，每侧有18开间。这些开间形成的网格总共有324块板，形成一个高高的结构框架，开放地暴露于视线之中。柏林的新国家美术馆中也用了这样的结构。周围玻璃的细部与分格也与柏林的美术馆相同。

1 该建筑记录于：Peter Carter, *Mies at Work*, London 1974, pp. 130-31.

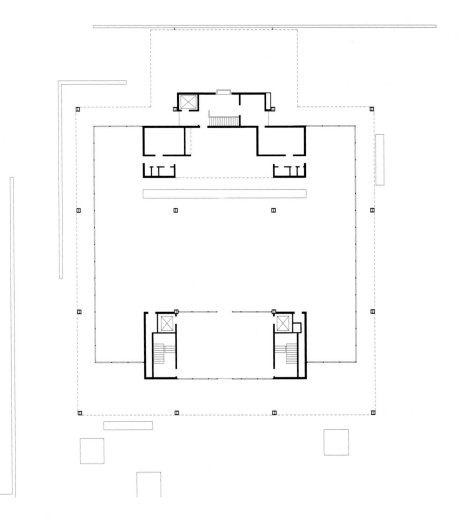

首层平面图

外观
出纳大厅室内

68 湖景2400号公寓

芝加哥，伊利诺伊州，美国
1962~1963年

湖景 2400 号公寓（2400 Lakeview）位于一个公园旁边，这座高层公寓建筑有一个近乎方形的平面图。尽管人们几乎区分不出正方形平面的方向，但是这座建筑通过柱子的布置和入口大厅的比例强调了方向性。两层台阶通向门厅所在的平台。这座建筑有一个非常有特色的用围墙遮挡着的游泳池，还布置了一组中央空调，二者都显示了公寓的高标准。364 个公寓有着不同的布置，有设置了一两个房间的公寓楼层，也有面积很大的四室公寓楼层。[1]有时，由于平面的进深很大，自然采光会受到一些影响。沿着外立面和转角处的混凝土结构柱的十字形截面的面积有所减少，因为这些位置的承重要求较小，但是这种不规则的柱截面隐藏在了统一尺寸的铝外壳之后。

1 *Bauen and Wohnen*，Apr.1965，PP.169—172.

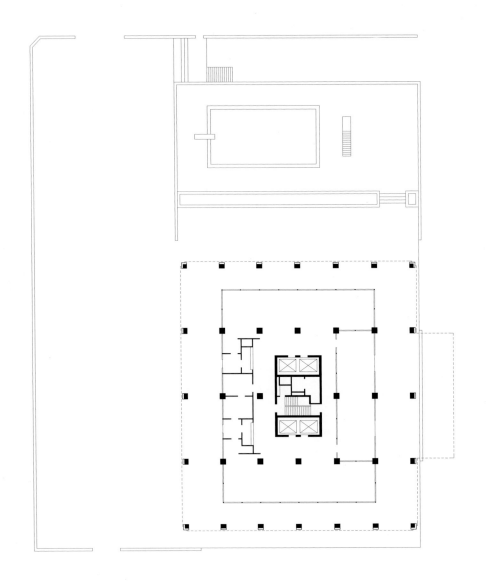

首层平面图

东立面
入口雨棚

69 海菲尔德公寓

巴尔的摩，马里兰州，美国
1962~1964年

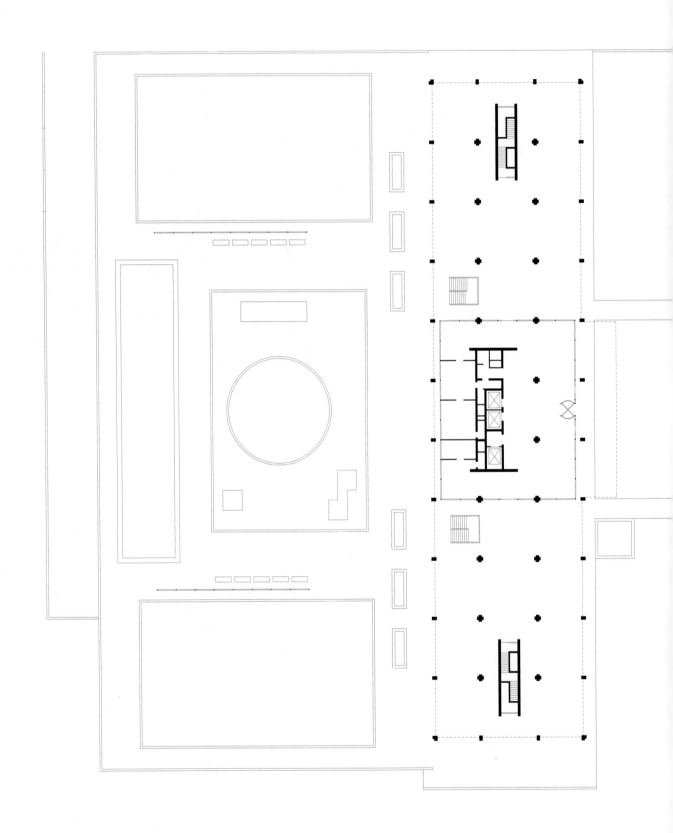

首层平面图

海菲尔德公寓（Highfield House）坐落在约翰霍普金斯大学北边的一个绿色城郊别墅区中，与密斯早先设计的查尔斯中心办公建筑在同一条路上，相距大约 5 公里。虽然旁边大学校园的公园场地与附近的低层社区融为了一体，不过这一段的查尔斯街两侧还是一排排高层公寓建筑。海菲尔德公寓是一座 14 层的南北向板楼，坐落在一个用柱子支起的平台上，这个平台形成了建筑的景观花园。

建筑的入口位于东侧，在支柱和入口的旁边。首层平面是开放的，视线可以直接看到上面平台花园的景色。建筑的中央部分是全玻璃的入口门厅，其余的部分则是森林般的柱子，穿过这些柱子即可进入花园。花园封闭在一道围墙之内，是一个由植被、长椅和比例鲜明的块状草坪组成的平台。五个长椅呈两排布置在独立的玻璃墙前面，玻璃墙的框架里隐藏着电源。白天，幕墙的作用是屏障，到了夜晚，它们就会变换为独立的照明体。[1]

近乎方形的基地有着 5 米的高差，由东向西倾斜，汽车可以通过一个与主入口相反的坡道进入停车场。地下层中还容纳着公共设施，向着一个带有树丛和圆形游泳池的内部庭院开放。这个庭院形成一个 2 : 3 比例的矩形切口，嵌入后花园中央，在室外区域形成两个水平面。树木自由排布在较低水平面上的花坛里。这个实例验证了从这一时期开始，密斯的许多建筑中体现出来的原则——建筑是严格对称的，但植被的布置并不对称。

建筑本身实质上是一个原始的体块，有着统一尺寸的带状窗户，形成一种抽象的外观。不过，高层板楼只是整个建筑综合体的一部分。与密斯之前设计的公寓一样，这座建筑和花园也形成一个组合。地形经过处理，成为了建筑的一部分。如同里尔住宅的花园，基地中的台阶延伸为平台，建筑坐落其上，由柱子从地面抬升起来。

建筑的钢筋混凝土结构裸露在外。与早期的海角公寓和阿冈昆公寓以及芝加哥伊利诺伊理工学院中的公寓建筑一样，混凝土柱每层逐渐变细，每五层稍微后退，反映着荷载逐层减少。在首层，人可以看到框架结构的构思让材料的使用更加优化了：中央柱子是"X"形截面，而角柱是"L"形截面，周围一圈柱则是"I"形截面。建筑技术的进步也使这座建筑比起之前的钢筋混凝土建筑获得了更大的柱跨。带来的结果就是，水平窗口比之前的建筑更加细长。

这座全空调的公寓建筑的窗户采用了深色着色玻璃，窗框采用了黑色阳极氧化铝，与混凝土框架的浅色形成鲜明的对比。窗户下面的砌体填充墙进一步强调了这种水平感。窗户的形式呼应着建筑细长的整体比例。这种单个元素与整体之间比例的类比也可以从密斯的其他建筑中看到，例如高层塔楼的垂直玻璃板。

建筑中运用了多种材料，既有珍贵的木贴板和洞石覆面（例如电梯井中），也有建筑台基上未经处理的混凝土面层，它有着一种不同寻常的粗糙表面质地，就像是野兽派的混凝土建筑。[2] 室外踏步采用混凝土混合着粗砾石骨料制作，代表了巴尔的摩市人行道典型材料的延续。入口大厅采用同样的骨料砾石做成的水磨石地面，给人的印象是踏步被砂纸抛光打磨过——就好像一种普通材料的精制化。

朝向花园的立面
花园

后续改造

建筑自建成以来几乎没有被改造过，但是许多公寓内部被改建了，最明显的是厨房，由密斯事务所设计，橱柜用木质覆面。车道用来自同样地区的石材重新铺装。另外，花园里玻璃墙上的电灯不再使用，植被也随着时间被更换了。原来花坛里的所有树木都变成了简单的草坪。

今日视角

公寓建成时正值巴尔的摩市的人口开始急剧下降，这种趋势现在还在继续。当时整个美国都在建设偏远的郊区，结果是城市里大批中产阶级都从市中心向外疏散。海菲尔德公寓提供了一种绿色居住环境，方便汽车通行，呼应着这种反都市发展。密斯本人对当时这种发展趋势是不满的："或者，这种愚蠢的郊区住宅的蔓延是可以避免的。整个芝加哥地区有成千上万的郊区住宅。不应该这样浪费土地，而是应该以合理的方法开发高低组合的大厦。"[3]

讽刺的是，当今天仍在继续建造单调的郊区住宅时，这座高层住宅还是成为了社会住宅的典范。海菲尔德公寓一如既往地提供着高标准的居住条件，使用者主要是富裕的居民，不过这更多因为它优越的位置，而不仅是建筑设计的结果。

1 该建筑记录于: *Bauen und Wohnen*, May 1966, pp. 174-176, 以及: Franz Schulze（ed.）, *The Mies van der Rohe Archive - An Illustrated Catalogue of the Mies van der Rohe Drawings in the Museum of Modern Art*, Vol. 19, London, New York 1992, pp. 230-248.

2 参见 Reyner Banham, *The New Brutalism - Ethic or Aesthetic?*, London 1966. 密斯的伊利诺伊理工学院建筑也记录于这本著作当中。班汉姆提出，密斯对钢材的运用展示了一种与勒·柯布西耶对混凝土的运用类似的真实性表达。

3 Ludwig Mies van der Rohe 出自: Moisés Puente（ed.）, *Conversations with Mies van der Rohe*, Bacelona 2006，p. 14, 16（first published in: Interbuild, June 1959）.

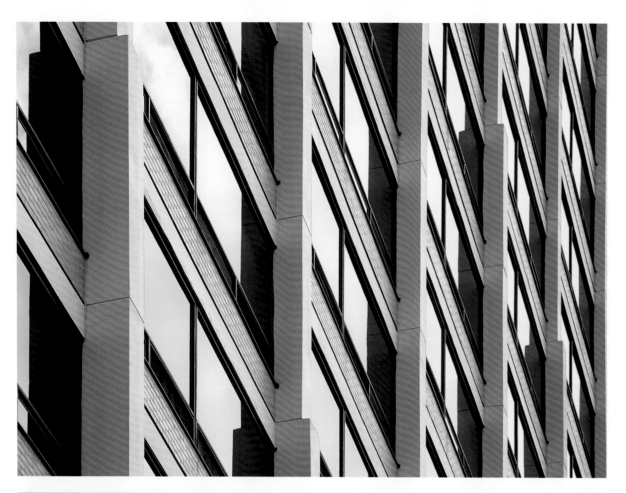

立面细部
入口

北立面

70 社会服务管理学院

芝加哥大学，伊利诺伊州，美国
1962~1964年

这座建筑与克朗楼一样，首先进入一个宽敞的大厅，大厅里有两套楼梯向下通到地下层，只由顶棚下的肋窗照明。这两组对称布置的楼梯还向上通向一个夹层，这是密斯很少采用的错层空间式布局。两个区域在每个尽端都有两层，围绕着中央服务核心的门厅和图书馆则是单层的空间。这种布置既提供了足够的空间，又可将建筑归类为单层建筑，避开了对钢结构的防火要求。在密斯后期的其他作品中，宽翼"I"形竖框的作用一般是突出立面的轮廓，但在这里它们还是承重结构的一部分。四个这种"I"形钢竖框焊接在一起形成了十字形柱。[1]

1 参见 *Architectural Design*，May 1966，pp.245—250.

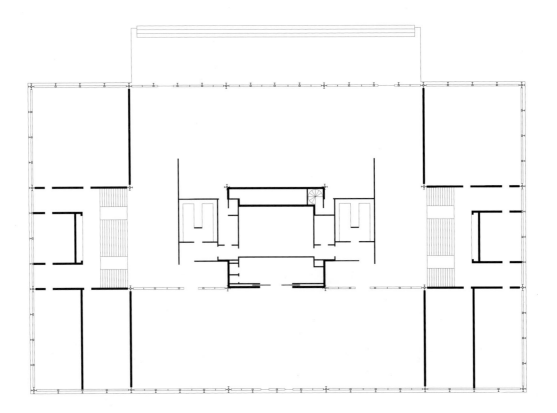

首层平面图

外观
楼梯

71 梅瑞迪思楼

德雷克大学，得梅因，爱荷华州，美国
1962~1965年

梅瑞迪思楼（Meredith Hall）位于一片校园环境之中，居于一个升起的高台之上，这座高台被设计成一个景观花园。建筑周围的地面插入混凝土带，在景观中创造出一个台地。混凝土框架形成了一个平台，建筑坐落其上，登上几段台阶即可到达。虽然建筑的进深很大，但是入口与一个中央室内庭院相通，保证了充足的采光。不同类型的房间互相分离，十分清晰。附带教室和办公室的新闻系围绕着外墙布置，形成两个"U"形体块，当中布置着礼堂。中央的礼堂布置得如同空间中的一个独立元素，当人们穿过建筑时，能一下子看到礼堂的整个宽度，非常类似穿过一座教堂十字形翼部位时的感觉。

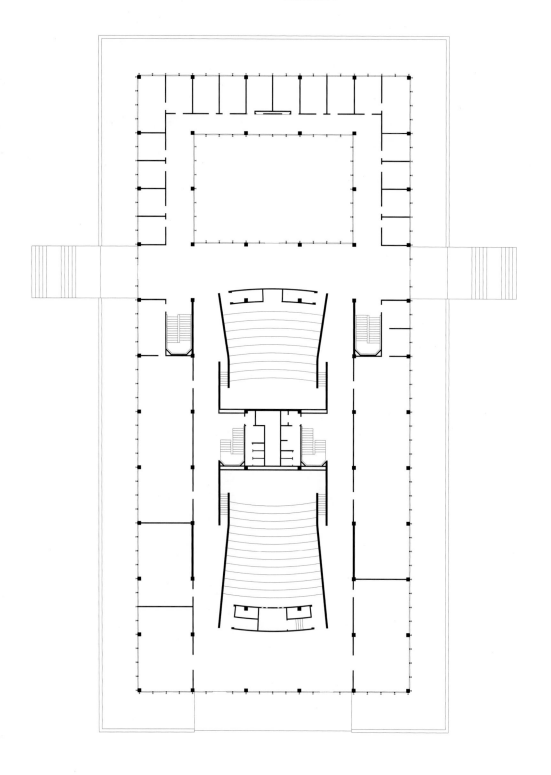

首层平面图

72 科学中心

杜肯大学，匹兹堡，宾夕法尼亚州，美国
1962~1968年

科学中心（Science Center）是杜肯大学的科学设备楼。首层有两个对称布置的演讲厅，上层包含实验室，仅由顶棚下的肋形窗采光。密斯仍然采取了用"I"形竖框塑造立面的原则，只不过在这座建筑中形成了整体的块状的体量，因为实际上这座建筑的立面并不需要大面积玻璃。因为建筑占据了一个高地的位置，只有尽端立面的一部分真正需要全玻璃，用来俯瞰城市和莫农加西拉河的广阔景观。

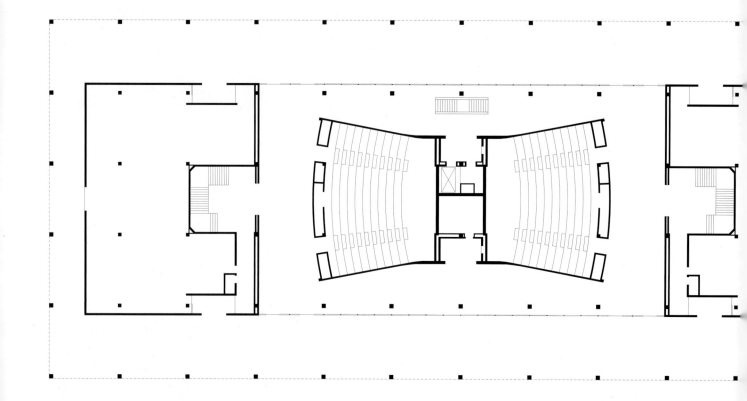

首层平面图

73 柏林新国家美术馆

柏林-蒂尔加藤，德国

1962~1968年

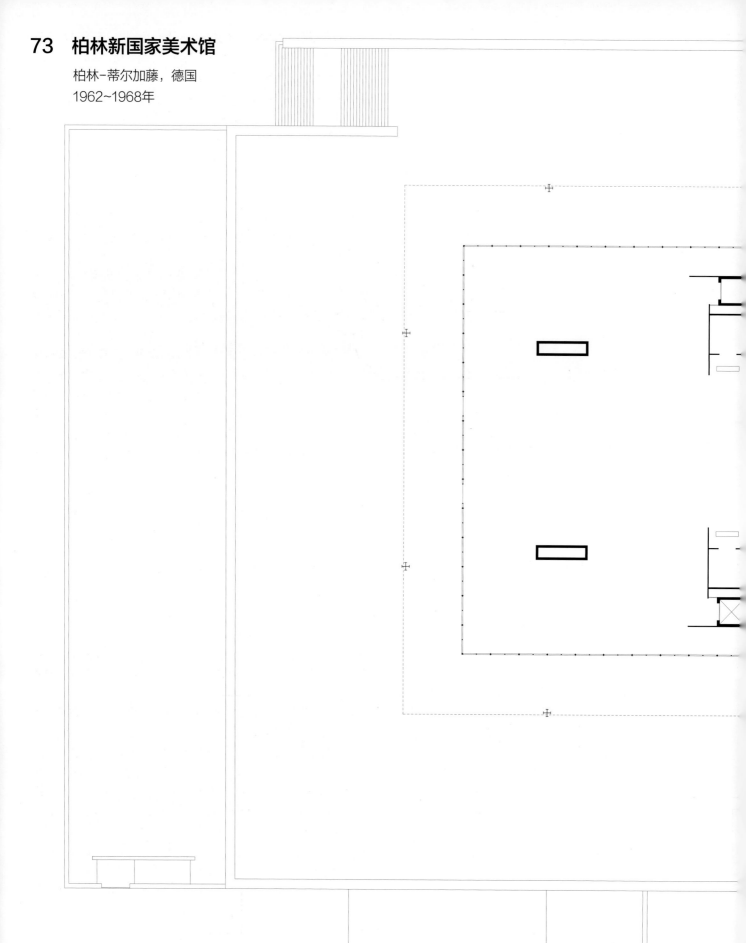

208

首层平面图

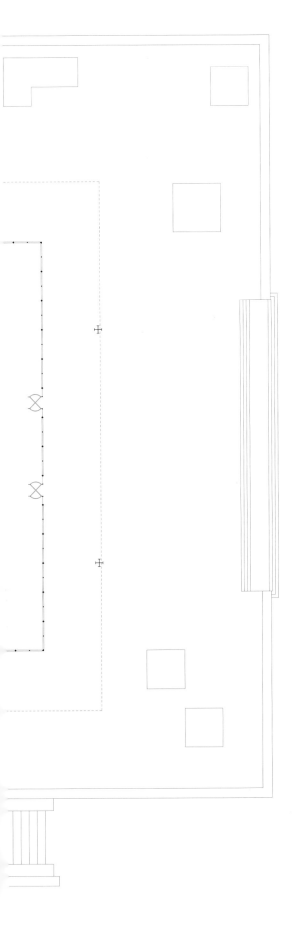

密斯得到了非常自由的支配权：他不仅可以决定设计哪座建筑，以及他想在哪个基地上设计，他甚至还可以规避建筑规范。他选中了一个地点来设计一座美术馆，这个地点在他曾经居住过的兰德维尔运河河畔的对面。令人出乎意料的是，这个地点几乎不怎么引人注目。密斯设计的建筑顶部是一个神庙一般的大厅，坐落在沉重的石台之上，但这个厅堂并非真正的美术馆本身。甚至当人们绕着这座大厅行走时，还是意识不到底座当中才是真正的美术馆空间。不过，显而易见的是这个大厅正是柏林新国家美术馆（Neue Nationalgalerie）的入口，参观者沿一个宽阔的楼梯抬级而上抵达高台，从那里进入大厅，然后又向下进入地下室中的画廊。由于密斯能够不遵守规范，他没有在基座周围布置栏杆，这更加增添了基座如石块一般的特征。

在一次采访中，密斯讲述道："如果是其他普通建筑我不会感兴趣的。那就没有必要了。柏林多的是建筑师可以做。……因为基地从新波茨坦大街和新桥略微倾斜，几乎可以确定我们应该建造一座两层的建筑，其中下面的一层应该成为真正的美术馆。"[1]

从主入口处，参观者根本意识不到这座建筑是两层的。建筑简化为一些典型的元素，每种元素之间有着清晰的划分，各自采用了非常不同的材料。一个巨大的平板钢屋顶从平台上升起，平台铺砌着来自波兰斯切格姆（Strzegom）的花岗石，柏林的人行道也采用了同样的材料。屋顶与平台之间是玻璃的非承重墙。在室内，人们可以看到两个覆盖着希腊蒂诺斯大理石和青铜网格的通风井，样子就像是巨大的烟囱。

参观者可以从这个中央大厅通过两个陡峭的楼梯来到地下层。在严格约束的结构网格中，楼梯最舒适也就是做到这样的倾斜角度，所有的细节都必须遵循结构网格。地下室中用于展览的画廊空间向着一个带有雕塑和水池的花园开放。从这个花园中，人们又可以看到上面的大厅，从这个角度它就像一个亭子似的皇冠，覆满植物的墙体为室外空间赋予了一种与世隔绝般的私密感。

密斯的意图是创造"带有树木、花朵与雕塑的室内庭院，与展览空间相关，也就是说将环境结合进艺术的领域，反之亦然，来创造一种艺术与生活的统一。"[2]对密斯来说，室内与室外之间的建筑语言在艺术的文脉中有一种哲学的维度。"作为一个整体，建筑及其单独的房间应该总是与真实的世界相关，向真实世界开放，并与其连接。艺术与现实之间的连接必须有着不可辩驳的明确性。艺术作品是浓缩的现实。"[3]

虽然密斯宣布他不想要一座庙宇一般的美术馆，他将自己的作品描述为一个"经典的方案"[4]，一座"清晰而严谨的建筑……非常有申克尔的传统。"[5]他声明，"这样努力的目的不能是建造一座新的'艺术'神殿,（想象着）在其中保存着分门别类的文化作品。"[6]然而，这座建筑与古典神殿的相似之处是显而易见的。支撑着大厅那巨大屋顶的8根坚固嵌紧的"柱子"向着顶端逐渐收分，上部是清晰可见的球形接头，代表着抽象的柱顶。建筑本身也散发出一种静态的宁静感："博物馆过于强烈的活力感会让观众分心。"密斯解释道。[7]

后续改造

在使用了四十年之后，这座建筑必须要维修了。由于欧洲不

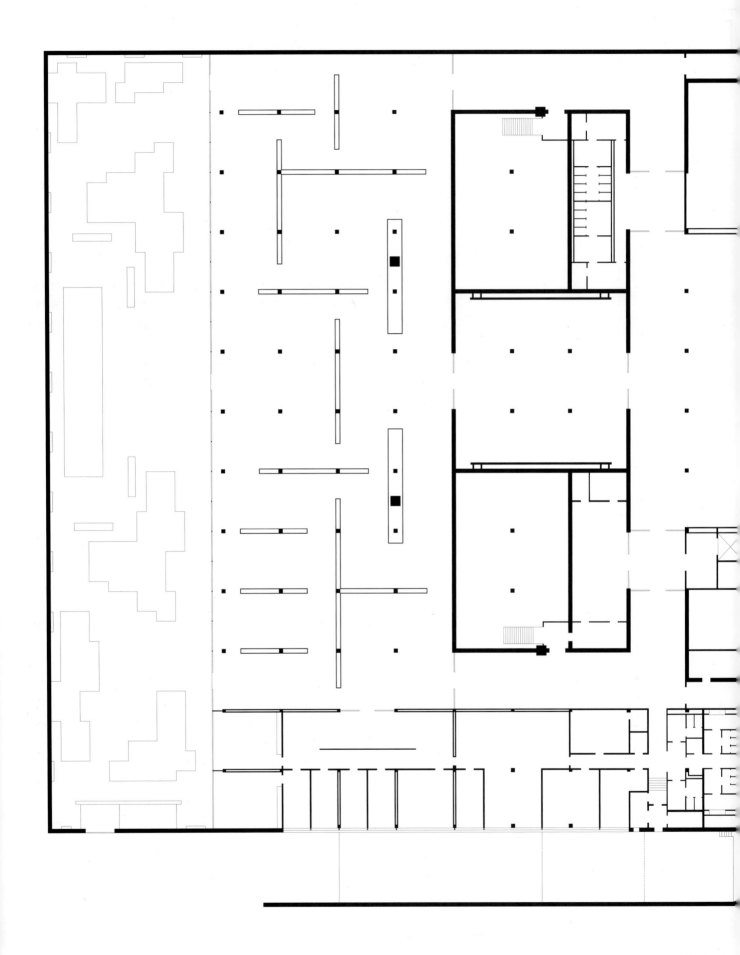

地下层平面图

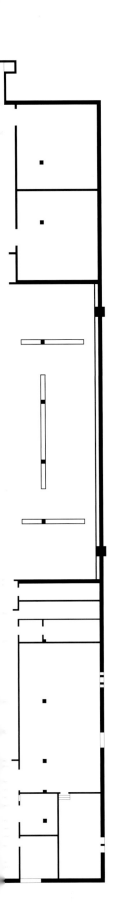

再生产这么大尺寸的抛光平板玻璃，所以采用了小一些的玻璃板，用硅胶连接件组合在一起，来代替玻璃损坏的部分。对楼梯栏杆也进行了改装。在开放的栏杆里嵌入了玻璃板，这种做法在早期曾遭到建筑管理部门的禁止。开放梯段的一部分也加上了扶手。除了必要的改动，例如提供残疾人厕所，建筑差不多完整地保持了原来的状态。画廊将要由大卫·奇普菲尔德建筑事务所（David Chipperfield Architects）重新装饰。

今日视角

用一个开放的大厅作为展示艺术的空间不仅非同寻常，而且还可以被理解为与白色立方体的对立。密斯将他最初为古巴百加得公司的一座办公楼所构思的建筑类型运用于完全不同的功能，招致了一些人的批评。这些人觉得他所提出的建筑能动的结构超过了功能上的考虑。建筑历史学家朱利叶斯·波森（Julius Posener）评论道："大厅既不适合建筑的内容——建筑的内容也不适合大厅。"[8]这个评论针对的是一次开放性的尝试，通过引入一个可移动屏风系统来折中空间。不过这个尝试持续了一段时间，空间从此被越来越多地用于艺术装置，反映了艺术世界不断变化的情况。[9]从这方面看，密斯的主张可能是对的，他的概念为实验性的自由提供了无限可能。[10]

大厅的钢结构看起来似乎很理性，但在结构工程师看来，它非常不理性。斯蒂芬·波洛尼（Stefan Polónyi）认为梁架网格只不过是借助计算机计算出来的64倍超静定系统，是"一个不适合钢结构的体系"。他回忆道："确定结构系统已经够困难的了，还要在系统中进行无缝焊接，这本身就会在系统中产生内部张力。首先用一个较小的起重机将钢板吊装到位，置于混凝土基础的上表面。复杂的焊接工序完成之后，带着无数顶焊缝，将整个结构组装起来，用配备着液压机的8个桅杆吊升起来，然后放置在柱子上。柱子本身也是在抬升过程中被放在所处的位置上。这个有缺陷的结构概念导致了总共需要产生14千米长的焊缝。"[11]而且，将柱子布置在屋顶板的边缘在结构形式上也不是最理想的，更理想的是将其在屋顶下缘向后退进。然而，对密斯来说，比起建筑纯净性的表达，最优静力学是第二重要的。

从表面上看来，大厅的钢结构似乎有着一种自然而清晰的结构逻辑，隐去了设计和建造屋顶时所克服的巨大困难。建筑似乎轻盈精致，不负为了达到这种效果的巨大努力。由于这种尺寸长度的水平板看起来似乎在中间略微凹陷，因此屋顶板的上表面在中间抬升了10厘米，而在转角处只抬升5厘米。这种增加微小曲率的方法在古代就经常用于神殿建筑，创造出最佳的直线表达：帕提农神庙台基在大约70米的距离内测量到的曲率是11厘米；在柏林新国家美术馆中，差不多在65米的距离中采用了10厘米的曲率。

1 路德维希·密斯·凡·德·罗于1964年与乌尔里希·康拉德的对话，录制于一张胶片: *Mies in Berlin*, Bauwelt Archiv I, Berlin 1966.
2 路德维希·密斯·凡·德·罗，1960年9月19日以来的手稿，出版于: Yilmaz Dziewior, *Mies van der Rohe - Blick durch den Spiegel（Mies van der Rohe - Looking Through the Mirror）*, Cologne 2005, p. 170. 尽管密斯是在描述他在施韦因富特所设计的一座博物馆，但在这里也适用于新国家美术馆。

大厅外观
大厅室内

3 同上。

4 路德维希·密斯·凡·德·罗于 1963 年 2 月 26 日给沃纳·杜特曼（Werner Düttmann）的信件，引自：Zentralinstitut für Kunstgeschichte（ed.），*Berlins Museen – Geschichte und Zukunft*（*Berlin's Museums – History and Future Perspectives*），Berlin 1994，p. 288.

5 参见注释 2，第 135 页。

6 参见注释 2。

7 同上，第 171 页。

8 Julius Posener，"Absolute Architektur（1973）– Kritische Betrachtungen zur Berliner Nationalgalerie"，出自：*Aufsätze und Vorträge 1931 - 1980*（*Essays and Lectures 1931 - 1980*），Braunschweig，Wiesbaden 1981，p. 247.

9 关于建筑使用的研究出自：Imke Woelk，*Der offene Raum: der Gebrauchswert der Halle der Neuen Nationalgalerie Berlin von Ludwig Mies van der Rohe*（*The Open Space. The Utility Value of the Hall at the New National Gallery Berlin by Ludwig Mies van der Rohe*），DissertationTU Berlin 2010，以及：Joachim Jäger，*Neue Nationalgalerie Berlin – Mies van der Rohe*（*The New National Gallery in Berlin - Mies van der Rohe*），Ostfildern 2011.

10 密斯解释道："在柏林，我们将博物馆分为两个部分：博物馆本身和画廊空间，除了大厅更大一些而且是用玻璃做成，这样我们可以从各个方向向外望去，与室外建立起一种联系。……柏林美术馆的大厅如此巨大，将它作为展览空间来说无疑是很难的，为在其中组织展览的人造成了难度。我完全意识到这一点，但是这个空间提供了如此巨大的潜力，让我可以忽略这些困难。"引自于乔治娅·凡·德·罗 1986 年为她的父亲拍摄的纪录片。

11 Stefan Polónyi，… *mit zaghafter Konsequenz – Aufsätze und Vorträge zum Tragwerksentwurf 1961 - 1987*（*… with Gentle Determination - Essays and Lectures on Structural Design 1961 - 1987*），Braunschweig，Wiesbaden 1987，p. 98f.

首层地面
楼梯
地下层地面

214

花园雕塑
室外台阶

74 多伦多道明中心

多伦多，加拿大
1963~1969年

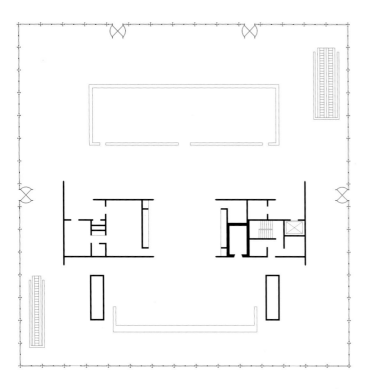

密斯用这个城市中介空间改变了多伦多市中心的面貌。多伦多道明中心（Toronto-Dominion Centre）综合体包括两座高层塔楼和一座单层银行建筑，将几个地块组合在一起，才使综合体得以在城市中心实现。在老市政厅南边的金融区拆除了一片建筑，得到一块大面积的建筑基地，形成一片台地。新建筑体块被自由地布置在这个台地上，并没有呼应城市的历史规划。与柏林的新国家美术馆一样，倾斜的基地将一整个楼层隐藏起来，密斯设计了一个花岗石铺面的基座，登上一段宏伟的楼梯就能到达这个基座。在新国家美术馆和道明中心这两个项目中，基座都容纳了许多外部看不到的主要空间。多伦多道明中心的基座中容纳了一个由人工照明的购物广场和一个电影院。建筑的设计把这个平台的地形构思为一座"土丘"，似乎属于土地的一部分，它的建造和材料与坐落其上的钢和玻璃的建筑有着显著的不同。

这座建筑的设计最初委托给戈登·邦夏（Gordon Bunshaft），将要被设计为加拿大最高的建筑。但是在菲利斯·兰伯特的推荐下，密斯受邀参与设计。他最终设计了整个综合体，后来与加拿大约翰帕金事务所（John B. Parkin Associates）和B+H事务所（Bregman + Hamann Architects）协作完成。[1]

56层的多伦多道明中心塔楼（1967年）、单层的银行客户服务大厅和46层的皇家信托大厦（1969年）先后建成。即使它们的布置并不对称，但是明显彼此相关，一起形成了连贯的整体。两座塔楼里较高的一座通过一条人行道与单层的大厅相连，形成一个"L"形的体量，围合出一个广场。不过，将它们连接起来的人行道经过特别设计，让两座建筑体量保持了各自的特色，看上去相互独立。两座塔楼的窄边面对着银行客户服务大厅。

与密斯的其他建筑一样，植被也被设计为整个建筑组合的一部分。密斯与景观建筑师阿尔弗雷德·考德威尔合作，在铺地上将树木布置为不对称的图案，并将草坪植入了石头基座里。结果这座城市综合体不仅提供了一个公共广场，而且形成了抽象的自然景观。室外区域的设计是建筑的一个基础部分，将基座与坐落于其上的大厅结合在一起。在雕塑般的主体、厚重的平台与大跨度钢结构框架那高耸入云的修长轻盈的形象之间，形成了和谐的对比。

如柏林新国家美术馆一样，道明中心方形的大厅中有两条巨大的设备管道，外表覆盖着希腊蒂诺斯大理石，熟悉新美术馆的参观者进入银行会有一种似曾相识的感觉。两座建筑之间的另一个相似性是钢屋顶桁架网格下面那巨大的无柱通用空间。这种方法要求最大的精度，其优势是自重轻以及屋顶结构的构造层薄；它的劣势是高昂的组装费用，尽管如此，密斯为了达到理想的轻盈感愿意接受这个代价。他宣称，"我们采用了钢。我认为这是一种优质材料。说它优质，我的意思是它非常结实，而且非常精致。你可以用它做很多构件。建筑的整个特征非常轻盈。这就是我为什么喜欢用钢结构来建造建筑的原因。而我最喜欢的是在地面层采用石材。"[2]

密斯与柯布西耶都认为乔治·华盛顿大桥的结构是纽约最好的结构。他痴迷于寻找能充分表达材料性能的结构。因为钢能达到更大的平面跨度，所以他设计了一个大跨度钢结构，并不断地努力改进。在他后来的作品中，高层建筑主要是必要的框架结构的各种变体，比起这些高层建筑，无柱的大厅对表现新方案来说是更好的机

银行建筑平面图

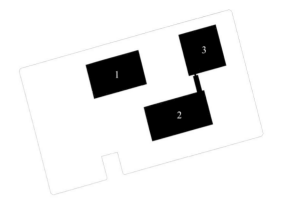

立面细部

基地平面图
1 皇家信托大厦
2 多伦多道明中心银行塔楼
3 多伦多道明中心银行服务大厅

广场细部
银行大楼室内

会。克朗楼中钢构件跨度都在同一个方向，新国家美术馆的屋顶坐落在 8 个铰接的承重点上，多伦多道明中心的结构网格牢牢地焊接在周边的 60 根柱子上。在柏林新国家美术馆，十字形柱是由四个"T"形截面组合而成，但柏林的"柱子"只承担结构荷载，多伦多道明中心的柱子还必须承担扭矩。柱子还固定着玻璃的框架，并与屋顶一起形成一个单一框架外壳。建筑如此具有抽象感，甚至让人感觉建筑纯粹就是结构。

后续改造

在不影响建筑外观的情况下，对这座综合体进行了大量修复和更新，以适应现代化的生态要求。2012 年，银行大厅的屋顶被改为绿色种植屋顶。在最初的构思中，就曾预见了高层塔楼室内需要的各种改造，塔楼宽敞的柱距为室内布置提供了非常大的灵活性。对地下层也进行了改造，但是最初的特征依然很明显。不过，密斯设计的这座综合体不再像最初那么引人注目，因为它被周围环境中不断增加的其他建筑湮没了。

今日视角

如今，多伦多道明中心的参观者以及在其中工作的 2 万多人会发现，很难从新建的塔楼中辨认出密斯最早设计的建筑，周围雨后春笋般建起的新建筑都采用了与道明中心类似的立面设计，甚至连入口门厅的设计和材料也效仿了它。然而，与后来的模仿者相比较，原来的两座塔楼比例更加优雅，其长边的立面比例为 1 ：3。一座塔楼的平面图是 8 跨进深，另一座是 7 跨进深，高度不同的两座建筑有着同样的比例。密斯的建筑体系在大大小小的尺度上都采用了类似的比例。窗户的比例也同样是 1 ：3。

回想起来，对未来的发展最有前瞻性的不是单层大厅的结构体系，而是垂直的城市设计。地下商场体系已经在加拿大许多城市中广为发展，高层办公楼的无个性特征对密斯来说代表一种理想，现在已经成为全世界城市的特征。

"我们的城市是畸形的，"[3] 密斯说。但是不同于勒·柯布西耶，密斯对通过为整个城市设计规划来解决城市的"混乱"不抱幻想，"混乱"是他对城市的形容。"我确信经济形势会对我们城市发展的方式有巨大的影响。我不相信我们建筑师能凭空规划出一个城市。我们无法改变强大的经济力量，只能去引导它，能做的也就是这些。"[4]

密斯对于城市景观的愿景是松散布置的塔楼和地面层优雅的人行道，在无所不在、密集堆积的高层塔楼街区当中如碎片一般保存下来。"实际上，不会再有城市……，"鉴于当今全球城市增长的状况，他预言式地宣布，"城市像森林一般生长……那就是为什么我们不会再有原来的城市的原因……永远不会再有……规划的城市等等。……我们应该想方设法……生存于丛林之中。"[5]

1 菲利斯·兰伯特："穿过云层:密斯北美作品多伦多道明中心地点说明"，出自: Detlef Mertins（ed.），*The Presence of Mies*，New York 1994，pp. 33-49.
2 路德维希·密斯·凡·德·罗 1964 年的对话，出自: Moisés Puente（ed.），*Conversations with Mies van der Rohe*，Barcelona 2006，p. 72.
3 Ludwig Mies van der Rohe 引自: "Only the Patient Counts - Some Radical Ideas on Hospital Design"， 出自: *The Modern Hospital*，1945，pp. 65-67.
4 路德维希·密斯·凡·德·罗与格雷姆·沙克兰的对话，出自: *The Listener*，15 Oct. 1959，P.622.
5 Ludwig Mies van der Rohe in conversation with John Peter in 1955，transcription of the interview，pp. 14-15，Mies Archive，New York.

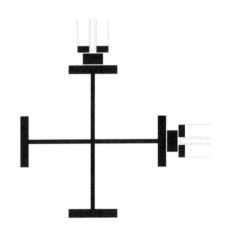

银行大楼转角细部

75 韦斯特蒙特广场

蒙特利尔，加拿大
1964~1968年

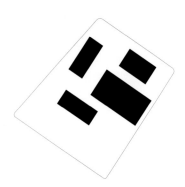

与芝加哥联邦中心和多伦多道明中心一样，韦斯特蒙特广场（Westmount Square）是一座高层塔楼围绕着一座低矮建筑组合而成的综合体。这里也形成了一个步行城市广场，停车场降入地下。对整个综合体给予了统一的视觉处理，洞石铺地和完全相同的立面将不同的建筑组合为一个整体。与另外两个建筑综合体相同，韦斯特蒙特广场的城市结构与它的周围形成显著对比，使它看起来似乎被植入到旧城中。在蒙特利尔，这种对比更加引人注目，因为综合体不是位于市中心，而是位于一个主要由小型建筑构成的住宅区边缘。[1]

但是，建筑还是呼应了周围的环境。这个综合体中的低层建筑不是一个开放的大厅，而是一座两层的办公建筑，在高层塔楼和周围建筑之间形成过渡。办公建筑扁平的体量延伸到广场基座的边缘，高层建筑坐落其上，在圣凯瑟琳街的沿街立面看上去有三层——与街道对面的建筑设计相称。

与芝加哥联邦中心和多伦多道明中心相比，韦斯特蒙特广场的空间结构更为复杂。一套不同的楼梯系统连接着不同的水平层，新建筑没有像一些保留下来的老建筑一样占据着整个城市街区。密斯的设计以一个基座开始，在其上建筑可以自由布置。基座中容纳着一个购物中心，与一个地铁站和一个地下电影院相连。在高层塔楼中继续用统一的外表容纳着不同功能的组合。尽管立面的构思是相同的，一座塔楼是办公室，而另一座是住宅。

但是，多功能的序列没有导致建筑类型的混杂或结构的庞大，当时这座城市正在流行这些概念。1967年的蒙特利尔国际博览会上，理查德·巴克敏斯特·富勒（Richard Buckminster Fuller）、费雷·奥托（Frei Otto）、摩西·萨夫迪（Moshe Safdie）还有其他人主张更大的建筑机动性。[2]但是密斯依然坚持他的信念，认为获得最大灵活性的最好方法是仅仅固定规则柱网的开放平面。于是密斯事务所将精力集中于建筑体量的比例及其在基地中的位置，集中于立面的细节和公共空间的设计，而将建筑内部布置的问题留给当地建筑公司。[3]

公寓的市场定位是带有使用最先进技术的厨房、空调和游泳池的奢华公寓，最上层的公寓带有内部庭院，住户可乘电梯直达带有法国熟食店、餐厅和精品店的地下购物长廊。当时的广告和报刊将这座综合体描述为一个"城中之城"。[4]

后续改造

1980年代末，对建筑进行了大规模改造。在基座上加设了玻璃栏杆，原来的洞石铺地被花岗石板取而代之。为了更好地给地下商场照明，原来是水池的地方加入了屋顶采光，于是现在的广场还增加了一个屋顶景观。立面上的黑色阳极氧化铝构件被重新粉饰。

今日视角

通过自动扶梯来到地下购物中心，这里整体覆盖着意大利洞石面板，但已不复往昔的独特和奢华。广场上许多更换过的地板后来又破碎了，周围的环境也改变了。当附近建起新的高层建筑，原来的建筑与周围环境之间的关系不再清晰。于是低层建筑失去了以前的调和作用。

基地平面图

高层塔楼
多层建筑

综合体原来的构造没有受到像密斯的其他建筑那样的关注，也很少受到研究密斯的学者的关注，他们在该项目是否为密斯所做的问题上犹豫不定。在大多数关于密斯的著作中，都没有提及这座综合体，甚至在最新的一本出版物中，密斯的角色被定义为"顾问"，因此这座建筑"今天几乎被解读为密斯建筑的仿制品"。[5]

1　这种对比清楚地表现在: Peter Carter, *Mies van der Rohe at Work*, London，New York 1999，p. 142.
2　参见"大城市蒙特利尔"（Megacity Montreal）一章，出自: Reyner Banham, *Megastructure - Urban Futures of the Recent Past*, London 1976，pp. 104-127.
3　密斯在这里与蒙特利尔的建筑师事务所 Greenspoon、Freedlande、Dunne、Plachta and Kryton 合作过。见 "Mies in Montreal"，出自 *L'Architecture d'Aujourd'hui*，Paris Jan./Feb. 2004，p. 108；以及 Alvin Boyarsky，"End of the Line"，出自 *Architectural Design*，vol. 3, 1970，p. 157.
4　Leo MacGillivray，"Westmount Square, City-in-City"，出自 *The Montreal Gazette*，31 Jan. 1968，p. 36.
5　Franz Schulze, Edward Windhorst, *Mies van der Rohe - A Critical Biography*，Chicago，London 2012，p. 348.

76 马丁·路德·金纪念图书馆

华盛顿特区，美国
1965~1972年

马丁·路德·金纪念图书馆（Martin Luther King Jr. Memorial Library）以横轴为对称轴，其长度正好是宽度的两倍。参观者进入建筑，到达位于综合体中心的接待台，从那里可以将整个100多米长的建筑一览无余。中央大厅以前是图书馆内存储卡片目录的空间。两个带有多层书架的单层阅览室位于中央大厅的两侧，采用全透明玻璃窗。服务空间布置于四个核心区，设计为一个整体开放的"通用空间"。建筑的后部是一个带有坡道的运输车间。该建筑是在密斯去世后建成的，仍然保存着最初的状况，但现在正在讨论是否要进行彻底改造。[1]

1 2014年2月，荷兰Mecanoo建筑师事务所联合Martinez + Johnson建筑事务所提出的图书馆重新设计方案被选中。

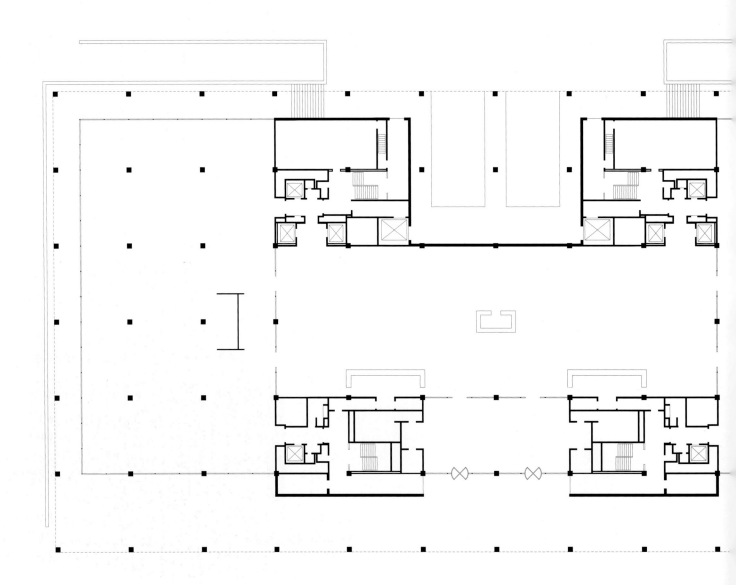

首层平面图

转角细部
入口大厅
阅览室

77 休斯敦美术馆

休斯敦，得克萨斯州，美国
1954~1958年，1965~1974年

休斯敦美术馆（Museum of Fine Arts）项目是对一座现有建筑的扩建。密斯将综合体扇形的结构延伸为两个独立的部分，形成沿着道路的弯曲立面。现有的庭院以前是巨大的库里南楼（Cullinan Hall）的基地，建成于 1958 年。但是这个刷着白漆的钢制的表面后来被拆除了，替换成第二期扩建部分，即由密斯设计的布朗展厅，在他去世后的 1965 年至 1968 年建成。参观者通过新立面中央的入口到达不同的开放展览层。这个立面仍然是曲面的，但是现在被涂成了黑色。每一个展厅层都偏移了半层，沿对角视线可以深入整个建筑。透过弯曲的玻璃墙，参观者可以看到室外北面景色的全景。[1]

1 参见 Éditions de l'architecture d'aujourd'hui, *L'oeuvre de Mies van der Rohe*, Paris 1958, pp 76-77.

基地平面图
布朗展厅

布朗展厅外观

78　修女岛公寓

蒙特利尔，加拿大
1966~1969年

三座公寓建筑位于圣劳伦斯河的一个小岛上，距离蒙特利尔市中心很近。修女岛的开发从1960年代才刚刚开始，密斯得以将他的板状的公寓楼临水布置在一个公园式的景观里。与巴尔的摩的海菲尔德公寓一样，修女岛公寓（Nuns' Island Apartments）建筑由混凝土建造，在这里，暴露在外的承重结构框架也是向着建筑顶端每隔一段距离稍微收进几步。然而，这是密斯第一次在高层建筑中设计了阳台。他还与当地建筑事务所合作设计了不远处的加油站。[1]加拿大导演大卫·柯能堡（David Cronenberg）曾经将这些建筑作为他的电影《毛骨悚然》（Shivers）的拍摄地。

1　两座相对的建筑是与埃德加·托尔奈（Edgar Tornay）合作建造的，而矗立于一侧的建筑是与菲利浦·D·博布罗（Philip D. Bobrow）合作建造的。

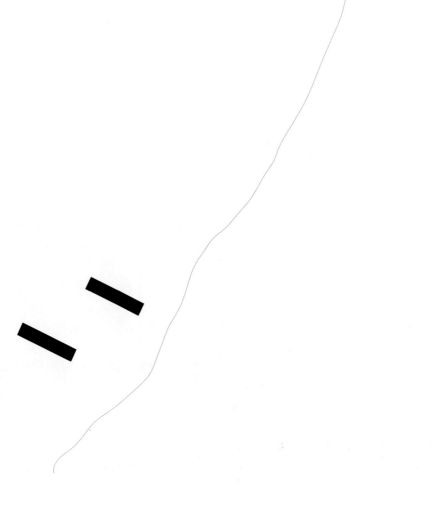

显示出河岸的基地平面图

北楼
南楼

79 IBM公司大厦

芝加哥，伊利诺伊州，美国
1966~1972年

对于这座俯瞰查尔斯河的高层办公楼来说，新的幕墙系统的外观仍然是典型的密斯式，但比他以前设计的立面有着更好的隔热性能。[1] 幕墙系统包含一个连续的隔热层，采用深色阳极氧化铝构件和着色隔热玻璃板。屋顶上有一个精巧的天气系统与空调系统相连，可以根据房间的方向和太阳的位置分别加热或制冷。C·F·墨菲工程事务所参与了空调的计算机控制系统。这种技术设备在当时不仅非常先进，而且立面体系更加可靠，比起早期设计的立面更加容易维护。尽管芝加哥市中心的空间有限，IBM 公司大厦（IBM building）还是从水边后退，形成一个公共空间。

1 关于该建筑设计的更多细节参见项目参与者罗伯·卡斯加登（Rob Cuscaden）描述于："The IBM Tower: 52 Stories of Glass and Steel on Site that Seemed 'Almost Non-Existent'"，出自：*Inland Architect*，July 1972，p. 10.

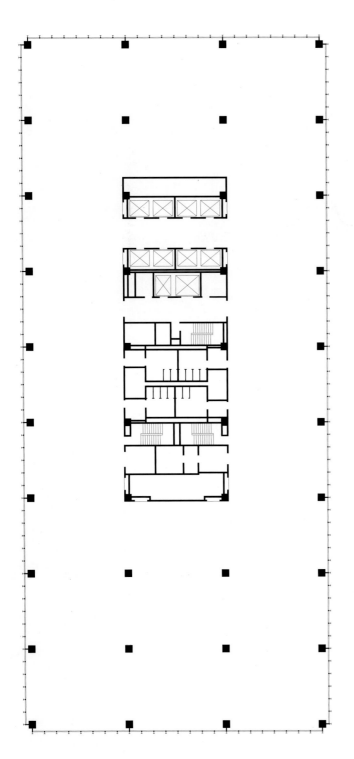

标准层平面图

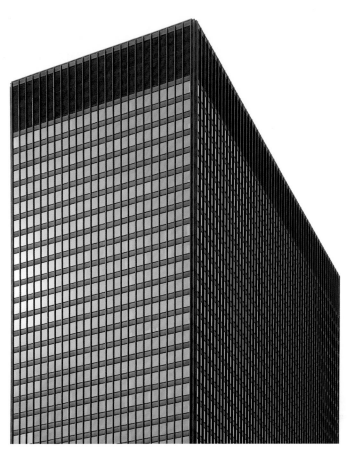

南立面
入口大厅

80 东瓦克道111号

芝加哥，伊利诺伊州，美国
1967~1970年

这座芝加哥河上的30层塔楼是大规模城市开发项目的一部分，项目名为"伊利诺伊中心空间权开发"。第二座塔楼从1970年到1972年由建筑公司 Fujikawa Conterato Lohan & Associates 建造，这个公司是密斯·凡·德·罗事务所的直接继承者。东瓦克道111号（111 East Wacker Drive）的两座塔楼有着典型的幕墙立面，一起形成了一个建筑组合，通过一个包含着商场的基础层连接在一起，这个基础层的上部是人行道，通过台阶可以到达。甚至有一条街道从第二座塔楼下面穿过。在2011年的更新工作中，原来的铺面被移除，替换成小尺度的铺面。

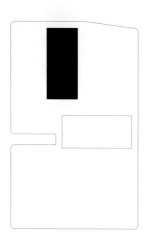

基地平面图

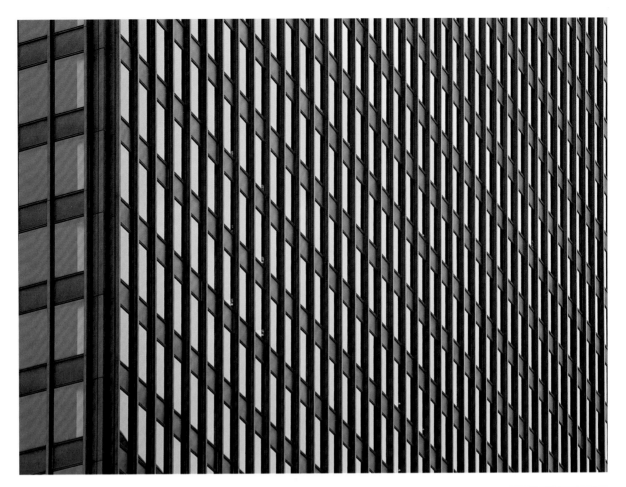

立面细部
入口大厅

81 加油站

蒙特利尔，加拿大
1968年

加油站（Service Station）建筑带有一个帆船状的屋顶，覆盖着下面不同的体量。虽然屋顶板看起来是搁在砌体上的，但实际上墙体和屋顶在结构上是分开的，钢屋顶由 12 根柱子支撑。玻璃体量内是销售区域，砌体体量内包含着修理车间，二者相对而立，中间是汽油泵和服务岗亭形成的空间。加油站位于修女岛上，附近是密斯设计的另一组建筑。这个加油站一直到 2008 年还在使用。它那结构的纯净性有时让人联想到日本的神庙，一个大屋顶覆盖着下面自然开放的景象。加油站后来被改造为一个社区中心。[1]钢屋顶被修复成原来的状态，下面的空间根据新的需要进行了调整。

1 改造由建筑师埃里克·戈捷（Eric Gauthier）承担。原来的建筑由密斯事务所与建筑师保罗·H·拉普安特（Paul H. Lapointe）合作设计。更多信息参见"Master Architect Designs Unique Station"，出自：*The Montreal Gazette*，21 Sep.1968，p. 47.

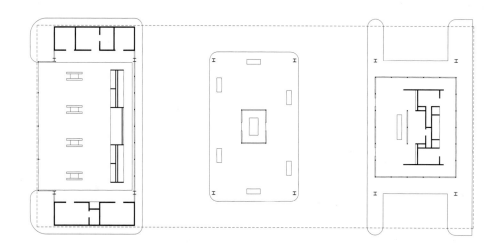

平面图

建筑南侧

图片版权

本书所有图片由作者卡斯滕·克罗恩拍摄或绘制。

按年代排序的参考书目

（按原版排列）
以下照排（这些书目在正文中出现过的大多已有中文译名，在附录中保留作者及书名原文，以方便读者更准确地查找）

Philip Johnson，Mies van der Rohe，New York 1947.

Max Bill，Ludwig Mies van der Rohe，Milan 1955.

Ludwig Hilberseimer，Mies van der Rohe，Chicago 1956.

Éditions de l'Architecture d'Aujourd'hui，L'œuvre de Mies van der Rohe，Paris 1958.

Peter Blake，Mies van der Rohe - Architecture and Structure，Harmondsworth 1960.

Arthur Drexler，Mies van der Rohe，New York 1960.

Werner Blaser，Mies van der Rohe - The Art of Structure，London 1965.

James Speyer，Mies van der Rohe，Chicago 1968.

Martin Pawley，Mies van der Rohe，London 1970.

Peter Carter，Mies van der Rohe at Work，London 1974.

Lorenzo Papi，Mies van der Rohe，Florence 1974.

Juan Pablo Bonta，An Anatomy of Architectural Interpretation - A Semiotic Review of the Criticism of Mies van der Rohe's Barcelona Pavilion，Barcelona 1975.

Dirk Lohan，Farnsworth House，Tokyo 1976.

Wolfgang Frieg，Ludwig Mies van der Rohe - Das europäische Werk（1907 - 1937），Diss. University Bonn 1976.

Ludwig Glaeser，Ludwig Mies van der Rohe - Furniture and Fur-niture Drawings from the Design Collection and the Mies van der Rohe Archive，New York 1977.

David Spaeth，Ludwig Mies van der Rohe - An Annotated Biblio-graphy and Chronology，New York 1979.

Werner Blaser，Mies van der Rohe - Furniture and Interiors，London 1982 (Stuttgart 1980).

Werner Blaser，Mies van der Rohe - Principles and School，Basel，Berlin，Boston 1981.

Wolf Tegethoff，Mies van der Rohe - The Villas and Country Houses，Cambridge MA 1985（Krefeld，Essen 1981）.

Franz Schulze，Mies van der Rohe - Interior Spaces，Chicago 1982
János Bonta，Ludwig Mies van der Rohe，Budapest 1883.

Christian Norberg-Schulz，Casa Tugendhat，Brno，Rome 1984.

Franz Schulze，Mies van der Rohe - A Critical Biography，Chicago 1985.

David Spaeth，Mies van der Rohe，New York 1985.

Fritz Neumeyer，The Artless Word - Mies van der Rohe on the Build ing

Art，Cambridge MA 1991（Berlin 1986）.

Martina Düttmann（ed.），Mies van der Rohe - Die neue Zeit ist eine Tatsache，Berlin 1986.

Sandra Honey and others，Mies van der Rohe - European Works，London，New York 1986.

Werner Blaser，Mies van der Rohe - Less is More，Zurich 1986.

Werner Blaser，Mies van der Rohe - Umgang mit Raum und Möbel，Aachen 1986.

Arthur Drexler（ed.），The Mies van der Rohe Archive，New York 1986 - 1993.

Rolf Achilles，Kevin Harrington and Charlotte Myhrum（eds.），Mies van der Rohe - Architect as Educator，Chicago 1986.

John Zukowsky（ed.），Mies Reconsidered - His Career，Legacy and Disciples，New York 1986.

Ajuntament de Barcelona，El Pavelló Alemany de Barcelona de Mies van der Rohe，1929 - 1986，Barcelona 1987.

William S. Shell，Impressions of Mies - An Interview on Mies van der Rohe: His Early Chicago Years 1938 - 1948，Chicago 1988.

Elaine S. Hochman，Architects of Fortune: Mies van der Rohe and the Third Reich，New York 1989.

Arnold Schink，Mies van der Rohe - Beiträge zur ästhetischen Ent-wicklung der Wohnarchitektur，Stuttgart 1990.

Franz Schulze（ed.），Mies van der Rohe - Critical Essays，Cam-bridge MA 1990.

Josep Quetglas，Fear of Glass - Mies van der Rohe's Pavillon in Barcelona，Basel，Boston，Berlin 2001（Montreal 1991）.

Fritz Neumeyer（ed.），Ludwig Mies van der Rohe - Hochhaus am Bahnhof Friedrichstraße: Dokumentation des Mies-van-der-Rohe-Symposiums in der Neuen Nationalgalerie，Berlin 1993.

Jean-Louis Cohen，Mies van der Rohe，Paris 1994.

Detlef Mertins（ed.），The Presence of Mies，Princeton 1994.

Helmut Erfurth and Elisabeth Tharandt（eds.），Ludwig Mies van der Rohe - Die Trinkhalle，sein einziger Bau in Dessau，Dessau 1995.

Gabriele Waechter（ed.），Mies van der Rohes Neue National-galerie in Berlin，Berlin 1995.

Werner Blaser，West meets East - Mies van der Rohe，Basel，Berlin，Boston 1996.

Franz Schulze，The Farnsworth House，Chicago 1997.

Wolf Tegethoff，Im Brennpunkt der Moderne - Mies van der Rohe und das Haus Tugendhat in Brünn，Munich 1998.

Werner Blaser，Mies van der Rohe - Farnsworth House，Basel，Berlin，Boston 1999.

Werner Blaser，Mies van der Rohe - Lake Shore Drive Apartments，Basel，Berlin，Boston 1999.

Daniela Hammer-Tugendhat und Wolf Tegethoff，Ludwig Mies van der

Rohe - Das Haus Tugendhat, Vienna, New York 1999.

Adolph Stiller (ed.), Das Haus Tugendhat - Ludwig Mies van der Rohe, Brünn 1930, Salzburg 1999.

Yehuda E. Safran, Mies van der Rohe, Lisbon 2000.

Ricardo Daza, Looking for Mies, Basel, Berlin, Boston 2000.

Barry Bergdoll and Terence Riley (eds.), Mies in Berlin, Munich, New York, London 2001.

Phyllis Lambert (ed.), Mies in America, Montreal, New York 2001.

Leo Schmidt (ed.), The Wolf House Project. Traces, Spuren, Slady, Cottbus 2001.

Rolf D. Weisse, Mies van der Rohe: Vision und Realität - Von der Concert Hall zur Neuen Nationalgalerie, Potsdam 2001.

Christian Wohlsdorf, Mehr als der bloße Zweck - Mies van der Rohe am Bauhaus 1930 - 1933, Berlin 2001.

Thilo Hilpert (ed.), Mies van der Rohe im Nachkriegsdeutschland - Das Theaterprojekt Mannheim 1953, Leipzig 2001.

Werner Blaser, Mies van der Rohe - IIT Campus, Basel, Berlin, Boston 2002.

Max Stemshorn, Mies und Schinkel - Das Vorbild Schinkels im Werk Mies van der Rohes, Tübingen, Berlin 2002.

Aurora Cuito, Mies van der Rohe, Barcelona 2002.

Maritz Vandenberg, Farnsworth House - Ludwig Mies van der Rohe, London 2003.

Werner Blaser, Mies van der Rohe - Crown Hall, Basel, Berlin, Boston 2004.

Charles Waldheim (ed.), CASE: Hilberseimer/Mies van der Rohe, Lafayette Park, Detroit, Munich, Berlin, London, New York 2004.

Werner Blaser, Mies van der Rohe - Federal Center Chicago, Basel, Berlin, Boston 2004.

Johannes Cramer and Dorothée Sack (eds.), Mies van der Rohe: Frühe Bauten - Probleme der Erhaltung, Probleme der Bewer-tung, Petersberg 2004.

Enrique Colomés and Gonzalo Moure, Mies van der Rohe - Velvet and Silk Space in Berlin, Madrid 2004.

Kent Kleinman and Leslie Van Duzer, Mies van der Rohe - The Krefeld Villas, Princeton 2005.

Yilmaz Dziwior, Mies van der Rohe - Blick durch den Spiegel, Cologne 2005.

George Dodds, Building Desire - On the Barcelona Pavilion, New York 2005.

Claire Zimmermann, Mies van der Rohe - 1886 - 1969, Cologne 2006.

Ruth Cavalcanti Braun, Mies van der Rohe als Gartenarchitekt - Über die Beziehung des Außenraums zur Architektur, Berlin 2006.

Christiane Lange, Ludwig Mies van der Rohe & Lilly Reich - Möbel und Räume, Ostfildern 2006.

Moisés Puente (ed.), Conversations with Mies van der Rohe, Barcelona 2006.

Alex Dill and Rüdiger Kramm, Villa Tugendhat Brno, Karlsruhe 2007.

Jeschke, Hauff and Auvermann, Mies van der Rohe in Berlin, Berlin 2007.

Helmut Reuter and Birgit Schulte (eds.), Mies and Modern Living - Interiors, Furniture, Photography, Ostfildern 2008.

Sven-Olov Wallenstein, The Silence of Mies, Stockholm 2008.

Claudia Hain, Villa Urbig 1915 - 1917 - Zur Geschichte und Archi-tektur des bürgerlichen Wohnhauses für den Bankdirektor Franz Urbig, Berlin 2009.

Christiane Lange, Ludwig Mies van der Rohe - Architektur für die Seidenindustrie, Berlin 2011.

Joachim Jäger, Neue Nationalgalerie - Mies van der Rohe, Ostfildern 2011.

Christophe Girot (ed.), Mies als Gärtner, Zurich 2011.

David Židlický, Villa Tugendhat - Rehabilitation and Ceremonial Reopening, Brno 2012.

Danielle Aubert, Lana Cavar and Natasha Chandani (eds.), Thanks for the View, Mr. Mies: Lafayette Park, Detroit, Detroit 2012.

Franz Schulze and Edward Windhorst, Mies van der Rohe - A Cri-tical Biography, New and Revised Edition, Chicago, London 2012.

Kerstin Plüm (ed.), Mies van der Rohe im Diskurs - Innovationen, Haltungen, Werke, Aktuelle Positionen, Bielefeld 2013.

Mario Ferrari and Laura Pavia, Mies van der Rohe - Neue Natio-nalgalerie in Berlin 1962 - 1968, Bari 2013.

Phyllis Lambert, Building Seagram, New Haven, London 2013.

Detlef Mertins, Mies - The Art of Living, London 2014.

作者简介

卡斯滕·克罗恩（Carsten Krohn），曾于芬兰美术学院、汉堡大学和哥伦比亚大学学习建筑学、艺术史和城市规划。他的博士论文研究的是建筑师对巴克明斯特·富勒（Buckminster Fuller）的接纳。他曾与诺曼·福斯特（Norman Foster）的建筑公司合作，并在卡尔斯鲁厄大学担任过助理教授。他还曾在柏林的洪堡大学和洪堡技术大学任教。他曾在2010年策划"未建成的柏林"展览。